U0501056

所有的不认可，只是因为你做的还不够好

简 爱 / 著

北京联合出版公司
Beijing United Publishing Co.,Ltd.

图书在版编目（ＣＩＰ）数据

所有的不认可，只是因为你做的还不够好 / 简爱著 . -- 北京：北京联合出版公司 , 2018.7
ISBN 978-7-5596-1742-2

Ⅰ . ①所… Ⅱ . ①简… Ⅲ . ①成功心理－青年读物
Ⅳ . ① B848.4-49

中国版本图书馆 CIP 数据核字 (2018) 第 030795 号

所有的不认可，只是因为你做的还不够好

总 策 划 : 翎远华章
策　　 划 : 白　翎
责王编辑 : 管　文
出版统筹 : 玉　儿　白　翎
特约监制 : 楚　晨
特约编辑 : 刘　晨
装帧设计 : 天下书装

北京联合出版公司出版
（北京市西城区德外大街 83 号楼 9 层　100088)
北京联合天畅发行公司发行
北京玥实印刷有限公司印刷　新华书店经销
字数 164 千字　880 毫米 ×1230 毫米 1/32 9 印张
2018 年 7 月第 1 版　2018 年 7 月第 1 次印刷
ISBN 978-7-5596-1742-2
定价 : 42.00 元

目 录

Contsnts

成·就

交·往

教·育

修·养

成·就

不努力，你不出局，谁出局

01

这篇文章我想写写青年导演、百万畅销书作家李尚龙老师。

和李尚龙老师原本不熟，最初只是久仰他的大名。说来也巧，去年的一天，偶然看见他在作者群里讲话，我就冒着试一试的态度加他，没想到竟然通过了。

跟许多大咖不同，李老师没有一点架子。谦虚、亲切、随和，是他给我的第一印象。

其实在这之前，我对他有所耳闻，是一次在和周冲、陈掌柜和小昨的好友聚会上。小昨对尚龙老师的评价特别高，一再提及。

02

先来一段插曲，今儿早上一个作者朋友和我的对话。

"简，我想跟你吐槽一下。"她说，"我觉得自媒体作者圈，有时候真的好乱。我发现自己反而更喜欢跟商人交往。"

"何出此言？"

"商人，相比之下，会比较讲诚信，谋求共赢。文人圈子，都是你踩我，我踩你，彼此瞧不起，明里一套，暗里使绊子。"

"文人相轻。其实哪个圈子都一样，只是你没看到而已。"

"你给我的感觉就不同，我愿意和你交往，在你身上有难得的商人意识。"

"当你谬赞了。"我微笑。

朋友之所以这么说，是因为去年她找我公号互推和新书推广，因为她是朋友介绍认识，在彼此粉丝数量极不对等的情况之下，我一口应承了。她觉得我不是一个斤斤计较的势利之人，于是心存感激。时间一久，我们就成了好朋友。

在互推这件事上，我其实是碰过壁的人，对她的遭遇能够感同身受。

之所以把我们的谈话分享给大家，是想说明一点：无论是哪个圈子，其实本质都是一样，实力对等，资源置换。

无论是自媒体圈，还是商场，都是名利场。这就是现实！

03

让我们回到刚才的话题。

尚龙老师和小昨，虽然是同一个圈子，但是名气不在一个档次，小昨首次出书，遇到的出版公司编辑是个新手，在做书和推广这块不那么靠谱。

于是她鼓起勇气，从广州飞到武汉，在尚龙老师的签售会上找他帮忙。

尚龙老师的时间十分宝贵，用一刻千金来形容毫不为过，他完全可以拒绝一个粉丝这不合情理的请求。

但是他没有。

看到一个宝宝还未断奶的年轻妈妈对文学的挚爱，不远千里赶来，他深深为之感动。之后无条件帮她。

忙，没时间，那就在坐高铁的间隙为她的书写序。小昨的新书出来，尚龙老师又帮她在自己的公号上宣传推广。

对于我，说实话，在去年前我和尚龙老师压根不熟，只是偶尔几次简短的微信寒暄。也许连普通朋友都算不上。

可后来，当我厚着脸皮找他给我的新书《相逢不必太早，只要刚刚好》做推荐，他没有丝毫犹豫，一口就答应了。

他就是这样的一个人，用武侠小说里的话来说，就是侠客，行侠仗义，而不求回报。

尚龙老师朋友遍布各地，这与他的为人分不开。

口碑在圈子口口相传，他的每一本新书出来，大家都会奔走相告，以争着给他宣传为荣。

04

我也很荣幸得到了尚龙老师亲笔签名的新书《你要么出众，要么出局》。

书一到手，起早贪黑，厚厚的一本，三天看完了。

你要么出众，要么出局。听起来似乎有些"毒舌"，甚至有点残酷，其实就是这么回事。处在这样一个竞争激烈、多元开放的时代，如果你不能出众，就将被无情淘汰。

就像尚龙老师在一次电视选秀上的遭遇。赛事规则突然改变，以前是第一次不行，还有第二次机会。而现在，每人只有一次机会。

行就行，不行就走人。

看他的故事，我思绪万千。往事一幕幕重现，重现我也曾惨遭淘汰出局的往事。

那时候我在一家台企做前台。前台的工作很轻松，平时接接电话，招待一下客人，大部分时间是闲的。无事可做时，我就看书、发呆或是八卦、闲聊，也没想着多学一样技艺。

后来，台企经营不善，衰落倒闭。

无一技之长的我，直接失业。而同一个办公室和我一起工作的其他人，都让其他企业高薪聘走。

一个接电话的工作，谁都能做得来。而其他职务，比如：生产管理、财务、设计师等，东边不亮西边亮，他们有更多的选择机会，而我就像菜市场被人挑剩的菜，说不出来的难堪。

其实，无论是爱情还是工作，不可替代性才是你的价值所在。

不要怪这个社会冷漠无情，你不努力，那么，你不出局，谁出局。

05

《你要么出众，要么出局》这本书中，还有一个故事让我感动。

那是尚龙老师和他搭档的创业故事，最惨的时候他们交不起房租，吃不起饭。被无数人不看好，却始终在坚持。

如今他们的团队，从三个人发展到几百人，越来越强大，学员络绎不绝慕名前来。

没有一种成功是横空出世的。想要成功，想要出类拔萃，只有不断试错，总结经验。失败了，站起来，重新出发。

创业成功了，尚龙老师同时坚持写书，做导演拍电影。才27岁的他，在圈子里早已声名鹊起，前途无量，成为新一代年轻人的偶像。

为什么说二十几岁决定人的一生？

这个我有发言权。

我如今三十有几，人过了三十岁以后，精力大不如从前，身体也开始走下坡路，记忆力更是如此，想学点东西，别人看两遍三遍就记住了，而我，得花几倍的时间去记。再者，三十岁以后，基本都是拖家带口，上有老下有小，做饭家务，洗衣熨烫，教育孩子，照顾老人，一天二十四小时，时间被分割得七零八落。想做点事情，太不容易了。

我想说，亲爱的，只此一生，我们都要努力让自己发光。

相信我，尚龙老师的这本书《你要么出众，要么出局》，一定可以带给你力量。

读别人的故事，过自己的人生，我们一起加油。在他所写的故事中，我们总能找到自己的影子。也许，那一个个故事就是我们自身生活的真实再现。谁没吃过亏，谁没受过伤，谁又未曾遭受欺骗？

如果想迅速走出伤痛，想更好地找到真正适合自己的方向，这本书，也许真的可以给我们提供一个思路或方向。

人最大的成功是健康地活着

01

早上在人民医院中医科做推拿，在我对面床上的是一个阿姨。听医生说她是从住院部那边过来的，脖子上长了一个肿瘤，做完手术不久，伤口刚刚愈合，四肢却突然失去知觉。

我看阿姨的样子，不过五十来岁，因为化疗掉光了头发。现在头发已经长出来一些，黑黑的，密密麻麻，脸色也还算红润，总体气质不错。只是脸上没什么表情，甚至看起来有些麻木，在医生的指导下艰难地配合做一些简单的抬腿和拉伸动作。

"年轻的时候，也是个拼命三娘。"医生指着她对我说。

眼前的这一幕，让我感慨万千。

02

有人说，对一个人来说，精神疾病更甚身体折磨，其实不是的，两者是连锁反应。

我的好姐妹说，没有生过大病的人，不足以语人生。不说罹患癌症，就是长期的小病，也足以摧毁一个人的意志。

就拿我自己来说吧。

在去年之前，我几乎是不运动的人，每天出门习惯以车代步，平时在家或是在公司，不是坐着就是躺着，微信运动App上每天运动的步数，永远不超过三百。

别人问我："怎么从不见你运动呢？"

我口出狂言："除了床上运动，一概不做。年轻，任性！"

还记得在高中时，同学海燕说我有点像林黛玉，我一直当成赞美，沾沾自喜。你想，大观园里粉面朱唇，羽衣霓裳，什么样的天姿国色没有，宝玉就喜欢林妹妹这款，弱不禁风的病态美，让人看了由怜生爱。

我还曾一度嘲笑朋友圈里那些秀马甲线的女汉子，一身肌肉，有什么好，女人要柔美不要健美。

现在回想起来，这大概就是酸葡萄心理。

03

过去的三十几年，我很少生病，感冒都极少，自从去年下半年开始，小病不断，先是莫名其妙的皮肤过敏，又查不出过敏源。医生判定是身体抵抗力下降引起。

吃药、打针，好了又复发。偏偏还在脸上，又红又肿没法见人。为此我经常戴着口罩上班，客人问我怎么了，我只好谎称自己感冒。再后来内分泌失调，月经紊乱，中医西医轮流看，中药西药吃不停，也不见好转。

前几天早晚起床，头晕脑涨，看天花板天旋地转。被先生逼着到医院做CT，结果显示：颈椎反弓。颈椎是人体的十字路口，此处堵塞，供血不足，脑子都不好使了。这对我来说，无疑是平地一声雷。

医生一脸狐疑地看着我说："你这么年轻，怎么就得了这种病？"

我哑口无言。

作为资深宅女的我，从前是两点一线，家里到公司，现在变三点一线，家里到医院再到公司。走的是漫长的康复之路，针灸、推拿、吊颈、电疗……

最近看挪威作家乔斯坦·贾德的《苏菲的世界》，开篇写着："大多数人总是要等到生病后才了解，能够活着是何等的福气。"

这说的不就是我吗？

04

女友小苏，是圈里出了名的拼命三娘。每晚只睡四个钟头，经常半夜三点还在写文章，更新朋友圈。

我三番五次劝她别再拿健康开玩笑。

"姐，我没办法，老公投资失败还倒欠了几十万，现在要买房子，过两年女儿又要上小学，想送她去好点的学校。何况我才二十几岁，现在不拼，更待何时？"

我知道再劝也无济于事。

一段时间后，我在她发的朋友圈里看到："医生说我现在体质很差，如果不重视的话可能长瘤，要做肠镜和胃镜了，好可怕。"

"年纪轻轻如果把身体搞垮了，什么都是空谈。多多保重。"我发信息给她。

"各种问题已经纷至沓来，以前总觉得自己还年轻，我再不敢任性了。"她回复。

不只是我和小苏，纵观身边的人，几乎个个这样，玩命赚钱，根本不把生命当回事。

拼命追求理想，当然是好事。只是，人生很长，又何必慌张？不以一时成败论英雄。劳逸结合，健康科学地去追求梦想，实现自我价值，才是聪明之举。

05

只有久病过，方知身体健康之重要。

今天的《人民日报》里说癌症数据报告，平均每分钟七人患癌！报告出来看似很恐怖，但是却真实存在，而且发生率越来越年轻化。

不知道几时起，我们的价值观已经变成：只有忙起来，世界才是我的。我常常有这种感觉：只要稍稍停下来，就会焦虑不安。癌细胞，也是看人而来。长期熬夜透支身体，还不锻炼，无形中为它提供了温床。

工作忙碌，心里也时常感到焦虑，看到别人成功，也不可避免产生失衡感。疾病，往往是在生理和心理的双重刺激下才发生的。

06

二十多岁的时候，我们活给别人看，到了三十多岁，也终于明白该活给自己看了。同时，无论你的工作效率有多高，事情永远做不完，钱也挣不完，那为什么不放慢脚步？把事情做好规划，不要把所有的时间都用在工作上，每天留出运动、读书、休闲的时间。从容一点，工作也不会太累，心理上也更放松。

工作狂，有时不是敬业的表现，而是在自我作贱。无论你创造多少业绩与财富，当有一天身体垮了，任何一个单位和集体，离开你一样运转。自己和家庭，却因身体的垮掉而被拖进深渊。

07

我们该在意什么？

健康的身体，和谐的家庭，简单的生活，这些最最朴实的东西，平常都被我们忽略，却不知道，这些才是构成我们人生最基本的东西。

慢一点，再慢一点，控制好生活的节奏，从容地往前走，才能更好地仔细品味人生的滋味。

关于成功，有个哥们的说法，我很赞同：财富名利都是过眼云烟，人这一辈子，健康地活着，才是最大的成功！

亲爱的，别再任性了，每天哪怕再忙，也腾点时间锻炼吧。

若你不会自救，如何光芒万丈？

01

认识杨杨是在一个书群里，24岁的他开朗阳光，唱歌好听。说来也巧，和他的友谊竟源于一次网络争执。当然不是我和他撕，是别人撕他。我不过路见不平拔刀相助。为这事，他非常感激我，视我为姐。

我平时喜欢听歌，但五音不全。他常常唱给我听，但凡我点的，几乎没有他不会的。

通过长时间的观察，我发现他在唱歌这一块，极具天赋，是个可造之才。他的嗓音和Eason极似：浑厚的嗓音，恰到好处的感情运用，不露技巧的扎实唱功，自然不做作的唱腔，时而低沉深情，时而高昂激情。

"硬件和软件如此Perfect（完美），假如有机会去音乐学院深造，或是参加一些音乐选秀找到好的导师，你将来必成气候。"我对他说。

杨杨受到莫大的精神鼓舞。

他激动地对我说："姐，你是我人生的伯乐。"

我坚定地答："真正的引路人，其实是你自己。加油！"

杨杨大学修的是国际经济与贸易，这并不是他的兴趣。他喜欢唱歌，CD买了几筐，没日没夜地跟着唱。想报考音乐学院，家人坚决反对，理由是："玩音乐，你见过几个有出息的？"

大学毕业一年，他做着自己不喜欢的工作，郁郁寡欢。

"没办法，现阶段，对你来说，安身立命是关键。等你手头有了闲钱，你就有资本去追求自己的梦想了。"我给他分析。

他像是从我这里得到了宝典或是秘笈一般，重获新生，精神大振。

哪有什么伯乐？如果有，也应该先是自己的伯乐，然后才会遇到真正的伯乐。

02

二十来岁时，我在一家企业上班，做的是质检工作，工作倒是挺轻松，产品找茬，易如反掌。每天重复做着同样的事情，枯燥无味，每个月只干巴巴望着发薪水的那天，好出去"挥霍"一番。

周围的人都这样，没有梦想追求，身处其中，久而久之，我也心安理得地过了，这日子，一过就是两年。

"你所谓的稳定，其实是在浪费生命。"李尚龙老师的这句话，是对彼时的我最好的写照。

我常常觉得，人是环境的产物。当你周围的人都不思进取，你也好不到哪里去。在这样的环境里待久了，就像温水煮青蛙，最后死都不知道怎么死的。

后来，我交了男朋友，他是学电脑的。那时电脑还是个新鲜玩意儿，会使用的人极少，网吧都不多，更别说家庭必备。在他的指引之下，我找了个电脑培训中心，交了学费。五笔打字、办公软件、Photoshop图片处理，就是在那时学会的。

再后来，办公室招人，会使用电脑的女孩子没几个，我自告奋勇，最终赢得了这次机会。

因为做事积极，心态阳光，被老板破格提升为助理，接触的圈子跟从前的是两个完全不同的世界，都是企业家、成功人士，偶尔还有外宾。

我那点知识哪里够用，简直捉襟见肘。

迫切需要掌握一项新技能，那便是英语口语。虽然在学校学过，但时过多年，基本都还给了老师。

于是我买来资料恶补，正好有位同事，是英语老师。不懂时，便缠着她问。她人挺好，真是不厌其烦教我。

如果不是那段时间的埋头苦学，后来我压根就不可能进入外贸这个行业。

有人指引的确是一道光，只有这光亮还远远不够，如果你不能践行，这道光只是如流星划过，瞬间消失不见。

03

十几年前，会电脑和英语是挺吃香的。我于是被人慧眼相中，带进外贸的天地。

从小生活在穷乡僻壤的农村，祖祖辈辈都没见过外国人。还记得当年村里有个姐姐出来到广州打工，春节回去时跟我们一帮小屁孩说在火车站那一带见到很多肤色各异人高马大的外国人，我们羡慕得不行。

不承想过，有一天，我会整天跟外国人打交道，把自己的产品卖到世界各地去。

我们需要引路人，但其实真正的引路人是我们自己。

回想起刚到外贸行来，口语不好，底气不足。为了练习胆量，逛北京路的时候，逮住老外便上前找他们说话。偶尔被人当马戏团的小丑看待，但大部分外国人会非常热情地回应。

一个作者朋友，从小有登台恐惧症，他后来成了畅销书作家，全国各地演讲。当初为了克服恐惧，他常常对着墙壁或是空无一人的房间，十遍百遍地练习。开始出去演讲时，望着台下黑压压的人群，几次大脑断片，台下笑声一片。现在他成了演说家，不用草稿，也能在台上挥洒自如游刃有余。

真正有多少人愿意坐在路边为他人鼓掌，我们都渴望站在舞台的中央，被聚光灯环绕，成为主角，万众瞩目。

不曾被嘲笑，不曾当众出丑，又如何在将来光芒四射？

04

看到一个采访，是主持人乐嘉对作家六六的专访。

乐嘉问："明年你中欧毕业了做什么？"

六六答："去美国学一年英语。"

乐喜十分诧异："你英语这么好了为什么还要学？"

六六笑了笑，回答："我离英语好还有很大的距离，顶多是对话没问题，涉及到灵魂与思想的沟通就显得还没有被教化。我对好几本英语原版的著作有兴趣，可对它们的中译文本很不满意，我想学习后自己翻译。"

乐嘉又问："那学完英语你做什么？"

六六答："我想报一个心理学的博士专业。我觉得这门技艺对我写作很有帮助，也更能理性分析现象背后的成因。"

乐嘉惊叹："你怎么有这么大动力？我认识你的这几年，你每天都在学习！你到底想干吗？"

六六回答："我想在自己年老的时候，依旧能感受生命之美。"

看到这个专访，我深受触动。

我们都只有这一生，就要酣畅淋漓地活，像六六一样，永不止步。

人生的引路人，其实就是我们自己。当到了一定的高度，伯乐自然而然就来了。

如果我们满身泥浆，站起来看时，周围也是满身泥浆的人，便认为自己和周围的人一样，既然大家都是如此，为什么要换一身衣服？却忘了，还有一种干干净净的生活。当意识到应该要换干净衣服，那时，自己便是自己的伯乐了。

然后，我们跳出原有的天地，站在了另一个人群中，只有同类的人才会相互吸引，在别人的引领下，一个又一个的天地又展现在我们面前。

所谓的前进，其实就是这样一个过程。

从不鄙视原来的生活，含着金钥匙出生的毕竟是少数，经历衣衫褴褛，周围全是白眼的生活，不算什么。但是，如果内心没有一个声音时刻在提醒自己：不对，日子不该这样过。那我们永远都会在下面挣扎，站不起来。有时候，伯乐，首先是自己的觉醒，自助之后才是天助。

怕只怕，我们自己停滞不前，却总在抱怨怀才不遇无人识珠。这世上哪有什么天才，有的只是厚积薄发。

人生的三重境界，不过是沉得住气，弯得下身，抬得起头。一步一步，按照次序，踏实稳健地走。

最后你会发现，云彩之上的阳光，是另一种模样。它干净透明，充满力量。

为什么别人比你牛？

01

周六的晚上，陈大哥为孙女办满月酒，我也被邀请参加。

大哥在社会上颇有声誉，来宾聚齐商界精英和政要人士，酒店的楼上楼下座无虚席，满堂欢笑喝采声。

我坐这桌，皓哥和容姐最为耀眼。

但凡有着卓越成就的人，不管走到哪里，都会被人顶礼膜拜，众星捧月。谁都想做主角，聚光灯下的明星，焦点人物，人们津津乐道的对象。

只是，这样的人，总是凤毛麟角。

牛人之所以牛，依赖的是始终如一日的坚持，付出比别人更多的奋斗和磨砺，才能攀得上世人无法企及的高度。

"皓哥，给我们讲讲你的奋斗故事呗。"在给他敬酒的时候，我一脸真诚地说。

他将手中的半杯红酒，一饮而尽。

02

下面是他的故事，为方便阅读，我使用了第一人称。

那一年，我刚到阿联酋。人生地不熟，不会当地的语言，无头苍蝇一样到处乱撞。

还好，通过朋友，认识了朋友的一个朋友。初来乍到，我就在他那儿——一个阴暗潮湿的单间，用旧报纸铺在地上，凑合睡了半个月。

白天顶着烈日，找店面租仓库。异国他乡，语言不通，找起来并不容易。

半个月之后，朋友的朋友告诉我，他那儿也不让睡了。

迪拜的酒店流光溢彩、金碧辉煌，煞是好看，但是高昂的房费，也委实让人望洋兴叹。

被朋友赶出来的第二天上午，我拖着沉重行李箱，站在人来人往的迪拜街头，被绝望包围。

十年过去了，我依然记得，那天的烈日很毒辣，五十几度的高温，似乎空气都能点着。

我一个五尺男儿，像个傻子一样，站在那里哭成泪人。频频有路人回头看我，"男儿有泪不轻弹"，他们不知发生了什么事情。

我不是没有打过退堂鼓。如若当时的信念稍微不坚定一点，我也许就会向现实低头，然后回国，去过一个被家人早已安排好的人生。

亲爱的读者，这并不是一个穷小子的创业故事。

皓哥是富二代，家里的独子。

在他出国前，父亲已经开有几百人的厂子，订单稳定，收入可观。可以说，他就是什么都不做，这一生也能锦衣玉食。

可这不是他要的生活，一种既定的人生。

他说，男人就得有男人的样子，敢于尝试，敢于冒险，敢于活得和别人不一样。于是就有了出国创业的想法。

梦想如果不付诸行动，永远只能是空想。

但是，皓哥把梦想变成了现实。

不会说当地的语言，他跑去华人开的服装店，虚心向人求教，一去就是一整天，有时候饭都忘记吃。

老天不负有心人，他在阿联酋成功开了店，站稳了脚跟，把中国的鞋子卖到了世界各地。由于产品好，为人真诚，找他做生意的人越来越多，他也赚得盆满。

世人看着现在的他衣着体面，言笑晏晏，春风得意，走路带风，很是欣羡！

许多不明真相的人，还会对此嗤之以鼻："他啊，还不是依仗父亲，才有了今天。"

曾经我也一度这样以为。

有多少人能够透过事物的表象看本质？我们总是容易看到别人取得的成就，却忽视他人成就背后的努力和逆难而上的勇敢。

03

容姐的故事，才是一个穷屌丝成功逆袭为白富美的故事。

2003年正是"非典"发生之时。老外不敢来中国，外贸商城的店铺关了大半。

许多人拼命地往家里囤盐和醋，哪怕50块一瓶的醋，也在所不惜，唯恐感染到SARS，丢了宝贵的性命。

容姐和她的先生，来自于四川农村。

禽流感来了，又怎样？用她的话说，那概率比中五百万的彩票还低，有什么可怕的。

她们夫妻起早贪黑到街头巷尾摆地摊。广州这地方，城管神出鬼没，让人防不胜防。被逮到，东西没收是常有的事。

然而，只要像小强一样顽强，绝处亦能逢生。

那一年，别人都在休生养息时，她们靠摆地摊赚到了人生的第一桶金。危机来临，大部分人看到的是危险，极少数人从中看到机会。容姐属于后者。趁着"非典"期间店铺转手费低，她们顺利盘下一家店。

疫情很快过去，老外又一窝蜂回来。容姐的生意很快上了轨道，夫妻俩这些年同心协力，生意越做越大。

四十几岁的容姐为了去欧洲参展，专门报了英语学习班，勤学苦练。如今，公司开了好几家，年收入数百万。

你以为这已经够她忙的了，业余她还做起了微商，男女的内衣内裤，儿童的袜子，在她的微信朋友圈里看得你眼花缭乱。

大家都打趣她："身价数千万，还卖什么内裤。那点小钱，你看得上吗？"

"我做微商并不是为了赚钱，只是想体验一下多元的生活方式。"容姐一脸认真地说。

我自叹不如。

我们总习惯将自己的不成功归结于时运不济，却极少去反省。

平庸的人之所以平庸，只因为总是瞻前顾后，永远不肯迈出去，脚踏实地去做一件事。

04

时常有公号读者问我：

"姐姐，我很喜欢你公众号里的文章，感觉很多地方都能产生共鸣。我也挺喜欢写作，想开个公号赚点零花钱，你可不可以教教我怎么做？"

我想说，做某件事情一开始就冲着挣钱去，你太想赚钱，往往赚不到钱。何不先行动起来，把事做好，赚钱与否，先暂且放一边。只管持续的努力，剩下的交给时间，反而会有意想不到的收获。

皓哥在异国他乡，孤立无援，忍辱负重，最终咬紧牙关坚持下来，迎来了事业的春天；容姐出身底层，脚踏实地，不惧风雨，一步一步，才有了今天。

你以为是运气，其实是别人努力了好久才发出的光。

没有一个人的成功不是踏着荆棘过来的。

富二代都那么拼，我们有什么理由不努力？

拿出行动吧，别永远只是计划，让梦想停留在幻想中。没有行动、想法和计划，都是镜中花水中月，华而不实。

一切成功都是在实践中反复地磨练和雕琢，是时间与汗水所发生的化学反应。对于生活在社会底层的我们，也许努力不见得成功，但是不努力，成功的可能性几乎为零。

很多时候，我们都需要踏踏实实，咬紧牙关，把那些困难挺过去。物质的成功是一个层面，因努力带来的思想和精神的改变，是另一个层面的成功，这才至关重要。

不做、不体验、不尝试，只能维持在原有的层次上，然后一步步向下走去。也唯有迈出去，才能体会到迥异于以往的精彩。

亲爱的，愿你是那个成功者，光芒万丈！

灰姑娘又如何？我偏不认命

01

我出身于农民家庭，父母都是一介布衣。对于广大的农民子弟来说，唯一的出路，也许只有读书这一条。

母亲生了我和弟弟两个，姐弟俩年龄只相差一岁，家里条件不好，父亲年轻时常年在外地打工，每年春节才回家一次。

母亲一人田里、山里的活儿干不完，我看着很是心疼。

在学生时代，我就非常勤奋。小学起，早晨天微微亮，起床自己做早饭，然后带着弟弟一块儿上学。我那时候很瘦，似乎一阵风都能吹倒，吃的是自家种的蔬菜，最好的菜，不过是鸡蛋。

经济拮据，常常连学费都靠赊，母亲只敢在逢年过节时上小卖部买回一二斤猪肉。记忆中，母亲做的油豆腐炖猪肉，真香。那味道，我想大概这辈子也忘不了。

常常在煤油灯下埋头苦读，我暗自发誓，一定要离开农村，凭借自己的努力，出人头地。

中考时，以十几分的差距与师范学校失之交臂。得到消息后，悲痛万分。我很迷茫，不知道前路在何方？

没想到，当时教我的李老师找到家里来，可能他觉得我是可塑之才，劝我不要放弃，父母也没有反对，于是我顺利复读了。

黑暗中，似乎看到了一丝希望的曙光。

在复读的那一年里，我改变了想法，要考高中上大学，到更大的世界去闯一闯，寻找诗和远方。

再次中考，考上了一所不错的高中，尽管我很努力，但有些东西单靠勤奋还不行，比如天分，我文科很好，理科却是差强人意。心理落差太大，开始厌学，想着父母挣钱不容易，自责、愧疚，没能挨到高考，便提前辍学了。

去年网络上流行一句话：其实文凭不过是张火车票，清华是软卧，本科是硬卧，专科是硬座，民办是站票。火车到站，都下车找工作，才发现老板并不太关心你是怎么来的，只关心你会干什么。

当时这段话，被许多人奉为经典，仔细想来，并不全对，我后来的经历足以证明。

02

表妹初中毕业就外出打工，春节时回来，也穿得光鲜靓丽，光彩照人。

父亲再三拜托她，把我一起给带出去。

那年，正月初八，清晨六七点，寒风凛冽，路上到处是鞭炮屑，山头和田野积雪未消。我怀着既兴奋又忐忑的复杂心情，手提简单的行李和两百块钱，和表妹一同坐上一辆老旧的深蓝色大巴。

谁知，半途车里两劫匪，手持砍刀挟持司机，勒索钱财，全车人吓得大气不敢出，我更是噤若寒蝉。初来乍到，就遇到这场景，顿时对这个世界产生了一种不信任感。

劫匪得偿所愿后拿着钱跑了，车子在高速路上停了大半天，原本八小时的车程，直到第二天中午才到达广东南海的某个客运站。

下了车，我站在这个陌生的城市，举目四望，纵横交错的高架桥上车流如织，身边人来人来，却都是冷漠陌生的面孔，一切是那样的新奇，又似乎拒人于千里。我像是刚从母亲的子宫分离出来的婴儿，手足无措。

原本以为表妹在外头混得不错，到了她所在的厂子，才知道她也只是一个底层的员工，自顾不暇，根本没有能力帮我弄进厂里。

那两个月，我白天到处流浪，奔走找工作，四处碰壁，晚上溜到她的宿舍借宿。

九十年代末可不像现在，只要肯卖力干，总能找到工作。外来务工人员供多于求，没有高学历，受尽冷眼。带来的那点钱几乎用尽，可谓是四面楚歌，山穷水尽。

我疑前方无路，未料绝境逢生。

在一个台资企业门口，浩浩荡荡的招聘队伍里，我幸运地遇到了邻村的灵芝姐，她成了我的救世主。在她的帮助下，我得到一份学徒工作，当时喜极而泣，总算解决了吃住问题。

如果不是碰见她，我兴许就流落街头了。

从底层学徒，到管理层，再到文秘，个中艰辛，非三言两语能讲清楚。

金牛座的我倔强又执拗，又怎肯认命？打工的这五年间，我换了好几个厂子，工作之余报电脑培训班、买新概念英语书、读创业名人传记，不停学习。

心中有梦，倒也不觉得日子苦。

照正常剧本演，像我这样的姑娘，通常打几年工，就回老家，随便找个人嫁了。

灰姑娘又如何？我偏不认命！

03

2003年，我在一个私人厂里做老板助理，迎来了人生的第一个伯乐——胡生。

于我而言，他像父亲一样。胡生是浙江乐清人，现在早已退休。是他把我带到了外贸的天地，在这里我过去的所学知识，都派上了用场，工作起来得心应手，如鱼得水。

一年之后，加上自己以往的积蓄和朋友的帮忙，我开始自己创业，盘下一个小店面后，钱几乎用光，没有多余的钱请工人，采样板、销售、送货，都得撸起袖子自己来。

去工厂坐巴士再搭摩托车，路上尘土飞扬，常常弄得灰头土面，夜里赶不回来的时候，就在工业区找便宜的旅馆住下，几十块钱一晚，房间简陋得很，墙上到处是蜘蛛网，床单也是旧的，灰扑扑，透着一股子漂白粉的味。

正因为这段拼搏的岁月，所以才有了今天稍微不一样的自己。

朋友们，趁着年轻，多吃苦，坚持不断地学习。那些吃过的苦，受过的累，都是日后助我们迈向成功的基石。

这过程，虽然坎坷和崎岖，但咬咬牙，总能坚持下来。就像我，始终相信有一天会柳暗花明。

"三十功名尘与土，八千里路云和月。莫等闲，白了少年头，空悲切。"

我们怕的，从来不是别人，只是自己而已。一个人，如果能跨越自己，还有什么可怕的。只不过很多时候，我们错把别人当成自己最大的敌人。

我不知道"坚持"这一概念是否百分百正确。但最起码，坚持之下，即使不成功，也不会后悔。

愿你我都是那个坚持者。

世界很大，山河壮美，我们都要走出去看一看。

04

之所以写下今天这篇文章，源于女友CC昨晚在好友群里的喊话："简爱，我想成为你这样的女人，貌美、独立、成功、幸福；上得厅堂，下得厨房；左手生意，右手文字。姐姐，你给大家讲讲你的创业故事吧，屌丝如何才能成功逆袭?"

此等谬赞，多少有些夸张。

世人看到现在的我，穿着光鲜，从容淡定，诗情画意，做着自己喜欢的事情，还坚持着写作，很是欣羡。

怎样算是成功? 我深思了良久。

世俗之见，常常把一个人的财富多寡作为衡量一个人是否成功的标准，无论他人如何认为，我觉得这是一种偏见，不敢苟同。

个人比较倾向于爱默生的说法：能够时常大笑并且心中充满爱；能得到智者的尊重和儿童的喜爱；能赢得真诚的评论家的赞许并能忍受虚假朋友的背叛；能欣赏美；能看到他人的优点；能付出自己；能把世界变得更好一点。不论是以一个健康的孩子、一条花园小路，还是一个由你而得到改善的社会状况；能以无比的热情玩过、笑过、歌唱过；能知道哪怕只有一个生命因为你的存在而呼吸得更容易一些。

他说，这，就是成功了。

我们无法改变出身，但我坚信：不认命，就能创造属于自己的奇迹。

余生，我希望做一个像爱默生所说，有情趣、有善心、大格局、热气腾腾的人，你呢?

泰山不让土壤，故能成其大。

河海不择细流，故能成其深。

我们一起加油!

看成败人生豪迈，不过是从头再来

01

大郑是一名人民警察，现任某区域大队长，生活在天子之都，年龄四十多。

前段时间，北京雾霾闹得很凶，空气质量相当差，学生停课。

大郑在北京生活了四十几年，但是为了两个孩子的健康着想，有了移居的想法。

前几天，他突然发微信问我："北方的雾霾实在太严重了。简爱，你生活在南方，一定知道哪些城市更适合居住。"

"移居，可不是件小事，开玩笑吧。这关系到你们夫妻的职业规划、连带的社会关系、孩子的上学问题等。要三思而后行呀！"我听完一脸震惊。

三天后，他发给我一张三亚的照片，蓝天、白云、椰林、沙滩、一望无际的大海……随后发来一句话："我到三亚了！"

我这才敢相信，这家伙动真格了！

"大郑，还真佩服你！"

"这有什么，人生大不了从头再来。"他说这话的时候，语气十分笃定，充满自信。

明白他主意已定，作为好朋友，一个生活在南方三十几年、常年天南海北的旅行达人，我给出了自己的建议。

"要说宜居城市，个人认为三亚不应该是你的首选。对北方人而言，温度过高，紫外线太强。如果一定要定居海南，那么，选三亚，不如选海口。至于其他省份，我建议去昆明、广州，都挺不错！抬头可见蓝天白云，一年四季如春。"

大郑听完我的建议后说："看完三亚去海口，再去昆明，然后广州。"

他的果断，常人难以企及。一个人要有多大的勇气，才能放下二十几年体制内的苦心经营，把过去的一切，推倒重来。

我扪心自问：如果让我放弃现在的一切，去一个陌生的地方，从头再来，是否够勇气？

答案是：我会怯懦，会退缩。

那么，此刻正在读文章的你呢？

02

大郑的果敢，使我想起曾经合作过的供应商，也是老朋友的香港人邓先生。

他在大陆出生，兄弟姐妹众多，家里赤贫，又遇上动荡的年代，不是饿死，就是在战争中死去。

用他的话说，横竖都是死，不如死前挣扎一下。他打定主意后，就和几个哥们商量，去深圳罗湖，游过深圳界河，逃到香港去。

　　几个哥们体力不支，半途葬身鱼腹。只有他，侥幸捡回一条命。没有香港的绿卡，他东躲西藏，饥一顿饱一顿。给人刷过盘子，在码头做过搬运工，干过出租车司机，跑过龙套……

　　人间的疾苦，酸甜苦辣，样样尝过。正如尼采所说："那些杀不死我们的，终将让我们更强大"。

　　邓先生因此挣下人生第一桶金，然后在香港娶妻生子。

　　七十年代末八十年代初期，恰逢改革开放，许多港商来大陆投资开厂。

　　借此机会，他也回来了，时隔多年，见到久违的亲人，抱作一团，泪如泉涌。怀里揣着几十万人民币，也算是衣锦还乡，他很快招兵买马，开了家百来号人的厂子。

　　工厂效益不错，几年下来，手头积攒了不少闲散资金。想要扩展，必须打开销路，于是他跑去迪拜开公司。那一年，邓生已近花甲之年，太太劝他别再折腾。他慷慨激昂地说："男子汉大丈夫，顶天立地，怎么能安于现状。"

　　迪拜的公司经过他的努力，生意如火如荼。其他人看到他赚钱，也学样，一窝蜂都跑去迪拜，竞争日益激烈，他开始亏钱。

　　屋漏偏逢连夜雨。租的仓库因为电线老化起火，几十条柜、价值几百万元的货物付之一炬。

　　一般人遭此大难后，元气都会大伤。老邓做短暂的停歇后，便重整旗鼓，现在把厂子经营得热火朝天。

前不久，他跟我聊天时无限感慨："回首来时的路，淌过的岁月，一路跌跌撞撞。那些流金岁月，闪着光，指引着我一路向前。"

能够打败一个人的，不是别人，不是环境，不是挫折，而是你自己。

03

反观我们身边不少的年轻人，拥有相当高的学历，又处在这样一个好的时代，却畏手畏脚，不敢放手去拼。

前怕狼，后怕虎。为了避免失败，干脆屏蔽开始。

还有更多的人，在遭遇一两次创业失败或感情创伤后，一蹶不振，愤世嫉俗，不再相信别人，也怀疑自己，怨天、怨地、怨时运不济，最终成了彻头彻尾的失败者。

更有甚者，因此走上极端。

去年，我们鞋城一个做女装鞋的老板，四川人，三十几岁，因为被无良客户卷走百万货款，无钱支付供应商，一时悲观绝望，爬上十几层高楼顶，纵身跳下，脑浆迸裂，鲜血染了一地。从此与亲人、爱人、孩子阴阳相隔。

前些日子，还有个姑娘因遭遇男友抛弃，一时想不通，跳了珠江，自此香消玉殒，留给岁月一声唷叹。

张爱玲说："在这个光怪陆离的人间，没有谁可以将日子过得行云流水。但我始终相信，走过平湖烟雨，岁月山河，那些历尽劫数、尝遍百味的人，会更加生动而干净。时间永远是旁观者，所有的过程和结果，都需要我们自己承担。"

如果，他们都能隐忍一下，坚持下去，人生会不会是另一番样子？

04

我的好朋友大郑，为了老婆孩子的健康，毅然放弃过去的工作，背井离乡，移居数千里之外；客户邓先生，人生几起几落，到了老年，本可以颐养天年，含饴弄孙，却仍然不停奔波，奋斗在一线；褚橙的创始人褚时健，更是老当益壮，让我们年轻人自惭形秽，自叹不如。

谁都想过自由闲适、毫无负累的日子，想必这样的生活只能出现在童话中。

自由是不断挣扎拼搏后留给自己的空间，诗意生活来自于自己打下的基础。

年轻需要拼，年龄大了，依然需要，躺在功劳簿上吃老本，必将错过人生诸多精彩。

我们还有什么理由，为自己的不成功找借口呢？

聪明的人，从来只为成功找方法，不为失败找理由。

事实证明：当你拥有了果断、坚忍的内心，人生什么时候，都是可以重新来过。

创造辉煌，要的只有一点：勇气！

通往成功的路，只有这一条

朋友豆豆见我在做生意之余还开公众号写文章，很是羡慕。

她说自己小时候也喜欢阅读，写的作文经常被老师当作范文在班上给其他同学念。当她回忆起这些往事时，笑容是舒展的、神情是欢乐的。

回忆过后，她苦笑着对我说，现在的生活不是自己想要的，工作占用了自己大部分的时间，让她根本没有办法做自己。

我说，谁不是忙中偷闲夹缝中生存呢？这个时代的很多女人都是打三份工，一份叫家庭，一份叫事业，一份叫兴趣。

大家都很累，可我们为什么要这么做？不过是为了跟上这个时代的步伐，让自己变得更好。

尤记得多年前看过的美剧《纸牌屋》中的一句话，大意是：这个世界很残酷很现实，如果你不能成为狩猎者，就会沦为猎物，只能任人宰割。

这位朋友在我的建议之下，第二天斗志昂扬地开了公众号。

写了几篇文章后，她开始发信息跟我抱怨：好迷茫！

我问她怎么了？

她说关注的人少，好无趣，感觉快要坚持不下去了。

我安抚她："不要去在意阅读的多少，先沉下去把文章写好，好的文章不是一天两天就能写成的，静待时光打磨。"

她接着问我："简，你是怎么成功的？我现在觉得好累啊！天天写得我脑袋都大了！不写又有人逼问我！"

这一连串的感叹号，我看了后哭笑不得。她不知道，在文章这件事上，我距离成功还有千里之遥。

近半年来，写出来的作品大号转载的，其实并不多，我也会因此沮丧、失落，偶尔还会发牢骚："千里马有，而伯乐不常有。"借以安慰自己！

但是，我不会让这种负能量持续太久。接下来，我会沉下心来反思，一定是自己写得不够好，所以才不被认可。再后来，我就关注了一些广为传颂优秀作者的公众号，比如苏心、雾满拦江……

篇篇仔细拜读，然后分析，一对比，差距就出来了！

苏心写的是情感文，她的文章言简意赅，通俗易懂，极富诗意的同时又接地气，为大众所爱，她是《人民日报·夜读》《人民网》和各种大号的常胜将军。

雾满拦江老师的文章偏哲学。一般的哲学文章风格过于深入严谨，我不爱看。但他的文字与众不同，风趣幽默，严肃中带着活泼，深入浅出又入情入理，让我捧腹之后，思考问题。

总之一句话：所有的不被认可，只是因为做得还不够好！

和苏心私下比较熟络，几次聊天之后，我才知道她是和当年的鲁迅一样，弃医从文，她在文字这条路上已经坚持了十几个春秋。

如今的她，主职是一名HR，工作本身已经很繁琐忙碌了。

成功的人之所以成功，在于分秒必争。

别人一到下班的时间便做鸟兽散，只有她孑然一人，安静地坐在办公室的电脑前码字，多少次夜深人静，她浑然不觉，直到大厦的保安过来提醒该关灯了，她才恋恋不舍地离开。

喜欢一件事情到了忘我的境界，还会不成功吗？

像我那朋友豆豆，不过坚持了五天，便灰心丧气了。这种心态，又如何能做好一件事情呢？

而我，坚持写作两年，也才有一些读者。

胡适说：做了过河卒子，就要拼命向前！

之所以选择写作这条路，是因为我喜欢，发自内心的热爱。

先生其实十分反感我写作，说孩子和生意已经让我应接不暇了。

今天，我还很年轻，做生意也能从中获得成就感，保持心灵愉悦。但十年、二十年以后呢?孩子们长大远走高飞,我也垂垂老矣,不得不从商场退下来,在精神上依靠什么来打发那漫长的老年生活呢?

英国著名首相丘吉尔说:"不让我绘画,我几乎活不下去。"对我来说也是:"不让我写作,生不如死。"

丘吉尔一生游刃有余地穿梭于政治和艺术之间,并最终归属于艺术。艺术使他的生命得到了升华,同时赋予了他无限憧憬和心灵的慰藉。

那一年,他被免去海军大臣职务,政治生涯首次受挫,接着母亲病逝,三岁的爱女也不幸夭折,噩运接二连三,他几乎悲痛欲绝。从那时候开始,他开始无休止地画画,本意是用来疗伤,不想发狂地爱上了。

他曾对友人透露心声:"如果不是绘画,我几乎活不下去。"

后来他的画,蜚声中外。

而生活中的大多数人之所以不成功,就是因为语言大于行动。

幻想秋天满园子的瓜果飘香,却不肯在春天的时候俯下身去播种、浇水、施肥。

五百年前王阳明提出:人皆以为尧舜。意思是我们每个人,都拥有无限的潜力,如果成功挖掘出来,都能成为某个领域的专家。

作家格拉德威尔也在《异类》一书中指出:"人们眼中的

天才之所以卓越非凡，并非天资超人一等，而是付出了持续不断的努力。一万小时的锤炼是任何人从平凡变成世界级大师的必要条件。"

无论写作，还是做生意，抑或是其他领域。

通往成功的路，只有这一条：就是脚踏实地去做，长此以往，才有可能从人群中脱颖而出一鸣惊人。

脚踏实地的过程，实际上就是打牢基础，深厚的根基，如同轮船里压舱的水，保证我们在汹涌的海面上平稳前行。同时，脚踏实地还意味着持久的执行力，只有坚持做，才有成功的可能。

不要去总想攀关系走捷径，这人呀，还没学会走，就想着跑，迟早要栽跟斗。

亲爱的，让我们一起沉下心来，除去浮澡，踏实做事，然后，安静等待，等待时间给我们的灿烂。

你敢不敢和别人不一样

在提笔写这篇文章之前，我在反躬自问：你敢不敢和别人不一样？

尽管我一直很自信，但还是多少有些怯弱。打破常规，走不寻常路，是极需要勇气的，特别是人到了一定年龄以后，似乎习惯一切按部就班。

害怕失败，所以不想冒险。

因此，你看，现在很多中年人，甚至是青年人，呈现给人的感觉是暮气沉沉，缺少一股精气神。

网上有句很火的话：很多人三十岁就死了，到了八十岁才埋葬。

日复一日，年复一年，结果就是，慢慢地发现，我们的灵魂已死，但是我们却不自知。

但总还有一些另类，不墨守成规，敢于挑战，听从内心，用自己喜欢的方式过自己想过的人生。比如好朋友小北。

昨天看了她的文章《遇见另一个自己》，一时感慨万千。

她在文中写道："多年的书斋生涯，阅读和写作带来的一切令我感到熟悉又害怕。思想的蓬勃壮大若欠缺现实和行动的支撑，很容易发展成一种畸形的封闭与傲慢。"

她抛下过去的身份，去找了一份与文字无关的工作。深入生活中，去接触人、与人沟通、了解客户、洞悉市场策略的产生，去从事一些实实在在的开放性的事务。

列宁说：不能做"思想的巨人，行动的矮子"。理论不能脱离现实，一旦脱离，就变成了夸夸其谈，纸上谈兵，空乏没有说服力。一切真知灼见，均来自实践，否则就成了闭门造车！

小北的这份清醒，多么难能可贵。

我所知道的她，在写作界有一定的知名度，发表过不少的作品，写过爆文，得过奖。如果好好的经营公众号，不说暴富，养家糊口还是绰绰有余。

但是，她说她十分敬畏文字，不敢放任提笔，更不会为了挣钱而去写一些迎合读者的文字。这让多少作者自惭形秽，包括我自己在内。

鲁迅说：贪图安稳，就没有自由；要自由，就要历些危险，只有这两条路可走。

想要问问你，敢不敢像小北一样，跟别人活得不一样？

各自为战，忙得不可开交。已经许久不联系，看完她的文章后，我发了条微信给她："我和你相反。十几年商场沉浮，不曾想过，竟成了商人作者，灵魂在文字中得到救赎，内心因此变得平和淡定。北北，你的勇气，常人难及，祝福！"

几分钟之后，收到她的回复。

"你看，生活多有意思，不同的选择，但同样的丰富和成长，祝福！我们一起相伴，走更远的路。"我看着手机屏幕，久久地沉思。这两年来，从来没有停止过写字。多少责疑，多少嘲讽，或来自家人，或来自朋友，甚至是客户、供应商。

"写作这玩意，能赚钱吗?"他们总是问我。

人要做一件事的态度，永远停留在赚钱与否上，赚钱成了衡量一件事情值不值得全力以赴去做的唯一标准。

当我说，挣不到什么钱时，大家就呵呵了。

他们不能明白的是，精神食粮对于一个人的重要性。作为一个商人，大家都在埋头拼命赚钱，我却挥霍宝贵的时间，尽干一些无用的事情，在别人看来特别扯淡。

在这一点上，我一向任性：我才不要活成别人期待的样子。

导演王家卫说："人的一生是见天地，见众生，见自己的过程。"

我们的传统观念是，年少的时候，老老实实读书，毕业后就找份安定的工作，二十五岁之前必须谈恋爱，三十岁之前必须结婚，结了婚当然得有个孩子，噢！现在一个还不行，二胎都已经全面开放，至少生两个，然后围着老公孩子转，这一生就修得圆满死而无憾了。

所有的条条框框，在你一出生，就已经给你设定好。

女人就此成了橱窗里的塑料花，远远望去，煞是好看，实则少了生命的张力和弹性。

这些众生相，已经被社会量化成了一种行为准则。

父母们不能接受子女的选择，不能理解我们为什么不想结婚、不想生孩子，那也是因为，他们压根没有看过世界，并不知道，这世上已经有很多这样的女性，在为自己而活，而且活得并不糟糕，相反还十分精彩。

比如，我之前文章写过的女同学Vicky，还有女读者路卓，年龄三十多，不念过去，不畏将来，过着高质量的单身生活。

堂妹小小，师范学校即将毕业，一出来就是做幼师。她一直默默地关注我的公众号，甚至从未在微信里跟我私聊过。昨天她终于鼓起勇气发了信息给我："姐，我其实一直有点想写小说呢！像张佳嘉的《从你的全世界路过》的那种。"

看到信息，我喜出望外。

"那还犹豫什么，想就去做呀！"

很多时候，我们其实心里清楚地知道想要什么，却又总在打鼓，担心万一做不好怎么办，最后只能停留在想想上。其实，一件事情未必有你想象的那么难，不妨动手认真一做，结果会大出你的所料。

只要做了，也许得不到结果，但是会得到过程和经验。光想不做，那是空想；想了就做，那是追求梦想；而认真做到，那是实现理想，你的人生会因此大不相同。

"想到"和"得到"之间，没有隔着山高水长，只差做到两个字："做到。"将一件事从头到尾做到完整，成功与否放到一边，整个亲力亲为的过程，会带来不一样的人生体验。

人生体验越多，我们的视野、格局还有心胸也就越大，做事与读书的结合，才是让精神世界丰盈充实的正确道路。

亲爱的，你敢不敢和别人不一样？

突破原有的生活轨迹，也许，那会看到一个你从未想到过的奇异世界，领略到不一样的风情。

心中有束光，就无惧人生的风雨

刘同说过一句话，我印象犹深："抱怨身处黑暗，不如提灯前行。"

01

小区幼儿园的东面，有一座小亭，亭子依湖而建，周围种满了金钱柳，柳枝和蓝天白云倒映在湖中时，画面美不胜收。

每天早晨，我送儿子去上学时，总能见着一位大叔安静地坐在亭子的一角，不是吹萨克斯，就是拉二胡，神情特别专注。那一刻，他的世界里只有音乐。

大叔年近花甲，身材保持得很好，不胖不瘦，什么时候见到他，衣服都是整洁干净的，皮鞋擦得锃亮，头发更是纹丝不乱，让人肃然起敬。我常常沿着湖边散步，听他吹电影《泰坦尼克号》的主题曲 "my heart will go on（我心永恒）"，久久沉醉其中。

我总在想，这位大叔一定出身名门，有着如此高的修养，原生家庭和婚姻生活一定很幸福。

事实证明，我猜错了。

大叔来自陕北，父母是一介平民，他通过读书，考上公务员，在事业编制单位工作三十多年，如今退休。因独生女儿远嫁广州，于是老两口一起南下照顾外孙。

老伴在十几年前的一次常规体检中查出卵巢癌，需要天天吃药养着，长期病痛折磨，使得老太太性格变得怪异，会莫名其妙地发脾气。

长期生活在这样的环境里，想必是人都会疯掉。

大叔讲完他的故事，意味深长地对我说："如果不是音乐，生活将黯淡无光。"

音乐，于大叔来说，无疑是那生命里的一束微光，指引着他一路走下去，不至于迷失方向。

02

没有人是永远幸福的。叔本华甚至认为痛苦是永久的，幸福不过是痛苦的暂时停止。

幸福很刹那，而生活更多的是忍耐。看穿了一切，依然相信明天会更好，所向披靡，勇往直前。

路卓就是这样的一个姑娘。

缘分很奇妙，她看了我的一篇文章《性感到极致的姑娘是怎样的?》，通过公号后台找到了我。

她的故事，深深打动了我。九十年代，她父亲承包了一个镇上的煤炭供应，年收入好几十万。姐弟俩从小过着养尊处优的生活，日子甜如蜜糖。她的父亲是个善良之人，没有有钱人的嚣张跋扈，一向低调做人，对待亲人朋友，也是能帮则帮。风光之时，大家族好几十口都享受他的恩泽。

只是，好人并没有好报。她父亲被一个好兄弟坑了，拉他投资项目，几百万资金打了水漂。从万人吹捧风光无限到被人追债狼狈不堪，她父亲不堪重负一病不起。

应了那句老话：树倒猢狲散。

先前得到他帮助的人，看到他落魄，唯恐避之不及，生怕殃及自己。

人往往是那一刹那间长大的。从来不知愁滋味的路卓，开始漫长的勤工俭学。

大学毕业后，她同时打几份工。一家人齐心合力，十年的艰辛，终于还清了欠下的债务。

路卓，原本不叫路卓，是她给自己取的网名。她说，路代表远方和理想，卓，则是卓而不凡。在艰难的岁月里，远方和理想是照亮她心中的那束光。

衡量成功标志，往往不是看一个人登峰的高度，而是看跌入谷底的反弹力。毫无疑问路卓是成功的！

她骄傲地告诉我，这些年，她去了好多地方，见过高山峻岭，江河湖海，去年春节还到了北极，亲眼目睹了神奇的北极光。

今年，她又买了房子，把父母接到自己的身边。虽然年近三十，她镇定自若，不急着结婚。如果不能等得那个对的人，她说宁可一个人精彩地过。

我深信，这样的女子，终将迎来那个懂她、怜惜她的男孩。

03

每个人的心中，我想都会有那么一束光。这束光，就像黑夜的萤火虫，大海里的灯塔，照亮我们前行的路。

而我的这束光，便是文字。

前些年，物质不愁，人生顿时没有了追求，常常有种生无可恋的感觉。是写作拯救了我，为我打开了一个全新的世界。这个世界，纷缤多彩，美仑美奂。我就像只鱼儿，游弋在大海里，映入眼帘的是美丽的珊瑚，飘逸的海草，各种色彩斑斓的鱼儿，在这里，我很快找到了同类。

我先生是个闷罐子，在家平时几乎不说话。女人，又天生话多，心思细腻，公号就成了我的灵魂家园。

我的喜怒哀乐，我的多愁善感，我的悲欢离合，都在这里得到真情流露和释放。

几天没更新文章，细心的读者发现了，从公号后台发信息问我，是不是生病了，让我保重身体，劳逸结合。看到信息的那一刻，特别感动。

陪伴是最好的爱！

04

生而为人。无论怎样，还得有点追求，这个追求可以是事业。钱的重要性，自不必说。除了金钱以外，也可以是灵魂层面的，比如音乐，像第一个故事的大叔，比如远方和诗，就像路卓姑娘。

这些都是我们生命里的光，不可或缺。当人生的风雨来临之时，我们才不至于惊慌失措。如果没这些，我们将很容易迷失自己，会活得空虚、迷茫，不知道自己为了什么而活着。

我们必须清楚地知道自己想要什么东西。

其实我们要得很简单，我们要的只是幸福。幸福是什么？其实没有具体的概念，只是一种感觉。也许是精神，也许是物质。我觉得，两者都不可少，尤其在当今这个空前浮躁的社会。

相对而言，精神上的富有，显得更重要。人的精神力量是无穷的，意念是神奇的，只有精神富有，才会有更高层次的追求。人要有物质追求，生活的质量才有保障，但不会为物质所迷惑，物质的背后是对理想的执着。

我们只有实现自己的理想，完成自己的使命，这一生才是完整有意义的。就像前面两个故事的主人公一样，做一个有修养有品位的人，活得洒脱点。

一帆风顺的人生，谁都想，但是生活哪里处处遂人愿？人的一生当中，不可避免面临困境和挑战，敢于面对生活波澜起伏的人才是真正的强者。时刻追求不放弃，为美好的生活而努力，为我们深爱的和深爱我们的人好好活着。于是，我们的存在，就有了深刻的意义。

这需要我们心中有束光，才无惧于风雨的洗礼。就像刘同所说："抱怨身处黑暗，不如提灯前行。"

亲爱的，愿你在自己存在的地方，成为一束光，照亮世界的一角。

人生路上，风雨兼程

01

最近，我结识了一位很会唱歌的朋友小周。

他加了我的微信，在看完我的微信朋友圈之后，有感而发，以下是我们的微信对话：

他说："看你的朋友圈，处处是积极向上，阳光灿烂，浪漫气息。你的生活，应该也有不开心或者烦恼吧，如何做到如此恬静淡雅？"

"哈哈，谁的人生都不可能总是风和日丽，狂风怒号不可避免。"我笑了笑。

他回答："是啊，人在江湖，身不由己。太多的责任和担子。那你是怎么做到的如此平和？当你碰到烦恼时，都是怎么处理的？"

"我呀，通常会找树洞倾诉，闺密和公众号都是我的树洞。保持空杯心态，一切就云淡风轻了。"我回复。

"难怪你总是给人一种平和、宁静、适然和优雅！"小周说。

"谢谢小周的溢美之词!"我微笑。

02

生而为人,就不可能没有烦恼和忧愁的时候,不如意事常八九。

就在前天,我和老公因为生意上的事情,发生激烈争执。

老公得理不饶人,全然不看在我是女人的分上,做出半点的让步。

我委屈至极,一气之下,"离婚"二字脱口而出。

他也气急败坏,朝我撂下狠话:"离就离,谁怕谁!"

当天晚上,我不停地掉眼泪。夜里十点,打电话给闺密时,说着说着几度哽咽,泣不成声。

接着,闺密在电话里跟我讲了,前段时间她们夫妻吵架的事,和丈夫愣是三天没有说一句话。闺密夫妇的感情,有目共睹,堪称朋友圈里的模范夫妻。

"亲爱的,别伤心难过了。这世上,就没有不吵架的两口子。你现在在哪里,我陪你出去逛逛。"闺密说。

和闺密通完电话后,我波澜起伏的心情顿时平静了不少。

03

二十八岁的男星乔任梁去世了。

昨天出殡。在告别仪式上，乔妈妈一度昏厥过去，乔爸爸仍不敢相信儿子已经离去，好友陈乔恩泪如雨下失声痛哭，亲朋好友、影迷歌迷纷纷泪洒现场。

一个星途灿烂的大男孩，从此告别了这个美丽的世界，去了冰冷清寂的天国。

是什么让阳光男孩在最美的年华选择轻生呢？具体的情况，我不得而知。

但可以肯定的是，在这之前，他肯定有过那么一段时间，心情低落、压抑难过，却没能被人发现加以重视，及时得到排泄出去，从而导致抑郁，一时想不开，就结束自己年轻的生命。

民间有句话说：好死不如赖活着。

无论出身的贵贱，我们每个人的生命都应该是宝贵的。

再者，身体发肤受之父母，又怎能轻言放弃！

对于乔任梁的死，刘嘉玲说："有时候一念之差，就是一个坎。"

我想起那天晚上，我和老公吵架之后悲痛欲绝，觉得生无可恋，好在得到闺密开导，我最终与生活握手言和。

第二天起来，老公已为我做好了丰盛的早餐，仿佛昨天的争吵没有发生过一样。

很多时候就是这样，熬过那个痛苦的晚上，第二天兴许就能拨云见日豁然开朗了。

04

关于人生的话题，我们一起看看著名作家龙应台是怎么说的："人的一生，其实像一条从宽阔的平原走进森林的路。在平原上同伴可以结伙而行，欢乐地前推后挤、相濡以沫；一旦进入森林，草丛和荆棘挡路，情形就变了，各人专心走各人的路，寻找各人的方向。你将被家庭羁绊，被责任捆绑，被自己的野心套牢，被人生的复杂和矛盾压抑，你往丛林深处走去，愈走愈深，不复再有阳光似的伙伴。到了熟透的年龄，即使在群众的怀抱中，你都可能觉得寂寞无比。"

深以为然。

人生路上，除了童年快乐无忧的时光之外，后来的路途上，几乎都是烦恼交织，问题一个接着一个，没有人可以置身事外。

05

在别人眼里，我或许是幸运的，有一份理想的工作，业余还能经营自己的兴趣。

衣食无忧，没有压力，日子过得很好，风生水起。

是的，如果我不说，的确没人知道，大家只觉得我幸福得冒泡，永远给人以阳光。多么励志的存在啊！

可事实上，其他人有的烦恼与苦痛，我都有。

生意场上的残酷、竞争与压力、育儿路上的艰辛与不易、夫妻之间的矛盾和问题等等。只是我向来不喜欢去倾诉苦难，尤其是在朋友圈公众聚集的场所。

快乐，不快乐，无论怎样度过，人都只有短短的一生。因此，我更愿意选择做个快乐的人，把阳光和正能量带给身边的人。

其实，这世上哪有什么幸运，人生路上，都是一样，风雨兼程着，难免遇到坎坷、挫折和考验，与其耿耿于怀郁郁寡欢，倒不如坦坦荡荡泰然处之，只有经受住风雨的洗礼，才能练就波澜不惊的从容和淡定。

亲爱的，无论命运再不济，我们都要学会看淡、放下。如此，才能成全你我的碧海蓝天，诗意地活着。

做经济独立追求理想的人

近来陆续发生了几件事，让我更加坚定了一件事情：要自己努力挣钱。

01

女友唯唯六十几岁的父亲得了肺结核，生命垂危。

肺结核这病，搁在古代，那是绝症，但在现代，结核病早已被医学攻克。

我的父亲早几年也得了肺结核，骨瘦嶙峋，差点一命呜呼。

好在关键时刻，我在广州找到一家专治结核病的医院，输了半个月的液，又吃了半年的西药，前后用一年的时间康复。

相比之下，女友的父亲就没那么幸运了。

老人家固执，怕花孩子们的钱，一拖就耽误了最佳治疗时间。待到身体实在扛不住，才上老家的医院看了看，吃了治结核病的药后，肝功能和肾功能遭到严重破坏，生命告急。在亲戚朋友帮助下，转到长沙的一家大医院进行医治，由于太过严重，一送去就直接住进了ICU。

唯唯一直定居在广州，得到这个消息，心急如焚，她马上收拾了行李，准备回家。临走时问老公要钱，丈夫满脸的不悦，撂下一万块钱后，借口公司有事情处理，头也不回走了。

ICU的费用很高，一万块钱能做什么呢？女友急哭了，悔不当初，不该因为生了孩子，牺牲自己，做了全职妈妈。

丈夫其实是有钱人，和人合开了一家公司，效益不错，年收入好几十万，出入有车，住的也是豪宅。

钱这东西，隔着一个人的手，意义也完全不一样。即使是同床共枕的另一半，你也得伸出手，低声下气问他要。给不给，给多少，全看对方的心情。

一个家庭里，谁赚钱多，往往谁就拥有话语权。

你不赚钱，对方往往一句话就能噎死你。

唯唯的丈夫临走前说了句话："你不是还有个弟弟吗？"

她竟无言以对，任由眼泪汪汪。

弟弟在建筑工地上干苦力，看天吃饭，老婆没工作，带着俩孩子，入不敷出，根本没存款。

那天上午，外面下着小雨，唯唯的心里下着大雨，含着泪把俩孩子安顿好，只身前往高铁站。广州南站到长沙南站，三个小时车程，出了站，唯唯叫了辆的士，直奔医院。走廊尽头的109房里，面容憔悴的唯唯弟弟正坐在父亲的床前。父亲骨瘦如柴，奄奄一息，看到女儿回来，很是欣慰，使出了全力挤出了一个微笑。

　　唯唯心疼地望着父亲，哭成泪人。父亲看着女儿落泪，自己也忍不住，一时老泪纵横。

　　正在这时，护士进来通知他们续费。唯唯从包里掏出一万五，护士说不够，得交三万。姐弟俩面面相觑，相对无言，心里什么都明白，却无可奈何。

02

　　今年是闺密豆豆的本命年，隐隐觉得可能会有事发生，果不其然，五月份常规体检，父亲被查出肿瘤。

　　小时候，豆豆和母亲关系不好，母亲重男轻女，上面有个哥哥，无暇顾她。豆豆恨母亲一碗水不能端平，有很多年，她都不叫她一声妈妈。好在，父亲完全不一样，从小视她为掌上明珠，百般宠爱。

　　原本家庭条件不好，后来，豆豆母亲又生下一女儿，三个孩子，负担就更重了，豆豆为减轻父亲的负担，初中未毕业自告奋勇外出打工。

　　打工期间，遇到她的Mr.Right，人品外貌俱佳，建立起自己的幸福小家，生了两个宝贝女儿，个个貌美如花。夫妻齐心，拼搏多年后，终于创建了自己的事业，开了一家厂子，好几百员工，产品销往世界各地！

　　从小被豆豆母亲宠溺的哥哥，虽然受过高等教育，却眼高手低，换工作就像换衣服，啥都干不长久，如今仍旧一事无成，去年老婆也跟别人跑了。

哥哥无能，妹妹又尚在念大学。

豆豆父亲的病突然而至，手术、放疗、化疗，动辄几十万，数目巨大。好在豆豆这些年，赚了些钱，把父亲送进市里最好的医院，用进口的药。

豆豆父亲一开始掉头发，什么都不能吃，瘦成皮包骨，几次化疗后，才开始有了胃口，脸色也逐渐变得红润，身体正一点一点康复。

这种失而复得的感觉真好！

豆豆庆幸自己凭借双手赚钱，为父亲的病一掷千金，不必看任何人脸色。

03

有句话说得好：靠山山会倒，靠人人会跑，只有自己最可靠。

一期《金星秀》上，金星问杨幂：

"如果你要给父母买房，需要跟刘恺威商量吗？"

"不需要，因为我买得起！"杨幂回答得十分干脆。

女人经济不独立，支配金钱不自由。花钱开口找男人，看人脸色多悲催。年轻貌美得宠时，呼风唤雨有底气。一旦人老珠黄日，依靠男人下场悲。

04

每天都有女性读者跟我苦诉。

未婚的姑娘说：二十几岁，总被家里人催婚，嫁给爱情，还是嫁给金钱？

姑娘，如果你想要开心、幸福、快乐过一生的话，那就找个爱你、你也爱的人嫁，爱情要等，心急吃不了热豆腐。男孩年轻时没钱没有关系，只要人肯上进，两人一起奋斗更有成就感。门不当户不对，凭借年轻貌美也可以嫁个有钱人，但你得整天看人脸色过，这种日子战战兢兢如履薄冰，能有多好？可以想象。带着功利的目的嫁人，最终会赔上自己的幸福。如果自己挣钱就不一样，你就有底气说：你给我爱情就好，面包我自己赚！嫁给爱情，才能收获幸福。

围城中的女人抱怨：老公对孩子和自己不闻不问，出了轨也不知悔改，到头来还叫她滚，说房子是他婚前财产。

女人，牺牲自己，做家庭主妇相夫教子，这代价太大，这世上最吃力不讨好的职业就是家庭主妇。时间一久，和社会脱节，男人的事业蒸蒸日上，你却停滞不前，假如这时候丈夫有了外遇，要离婚。不离吧，心里委屈，离吧，没有经济能力养活不了自己，由于长期不接触社会，想重新找工作都难。但如果你自己赚钱的话，你就没有必要委屈自己，直接叫他滚，有多远滚多远。

05

挣钱意味着什么？尊严。

意外降临时，才不至于手忙脚乱；想孝敬父母的时候，可以理直气壮；看到喜欢的东西不用看人脸色，毫不犹豫买买买；老公出轨时，毫不犹豫地休了他。做这一切时，都不必放下尊严，去求他人。靠别人给你钱，需要看他人的脸色和意愿。

我们常常说一个人要有独立的人格和尊严。然而今天这个社会，独立的人格与尊严往往是要以物质为基础。

这不是与现实妥协，更不是苟且于现实，如果我们想做更大的事，想实现自己的理想，最起码要有一定的物质基础，如果生活中的琐碎已经让我们捉襟见肘苦不堪言，又怎么能拿出时间和精力来做更大的事？

当我们有能力应对生活中的不幸或者变故时，我们才能有更大的自由，才能往更高处发展。我敬仰那些固守清贫完善自己人格的人，但更想做那种经济独立后勇于追求理想的人。

亲爱的，不如做一个自己挣钱的女人，不依附别人生活，我们才能活得高傲，姿态美得像个公主。

有多少坚强，都是伪装

一直以来，大家都说，我给他们的感觉，就像"女汉子"一样存在，永远都是鸡血满满、阳光自信、妥妥的正能量。

其实，那不过是伪装。

我也有极其脆弱的时候，这段时间就感觉心力交瘁，特别想逃离。

上个礼拜，发现儿子咳嗽，一点都不敢耽误，马上带他去医院，看了三次后，竟越发严重，成了急性肺炎。

老公心疼儿子，一着急，把我狠批了一顿。我当时就觉得挺委屈，加上连日来没休息好，忍不住小心啜泣。

孩子打了一个星期点滴，小小的脚背上被针刺了密密麻麻的孔，青一块紫一块，看着特别心疼，值得庆幸的是，咳得没那么厉害了。

为人父母者，悬着的心终于落了地。

于是白天继续把孩子托付给父母照看，自己去店里上班。等我晚上下班回家时，发现儿子不停地在打喷嚏流鼻水。真是糟糕透顶，肺炎刚好一点，又染上了感冒。

老公不停在我耳边数落母亲的不是。其实怪不得老人家，母亲等孩子睡熟后，想起家里还有一堆活没干。她认为房间里开着空调凉快，孩子盖着被子，应该不会有事，于是去做家务了。谁知，孩子太调皮，一会儿就把被子给踢了，接着就着了凉。

父母年纪已大，白发苍苍，我又怎么忍心指责，也不愿任何人指责他们。两个老人跟着我，从未享过什么福，一直被我们当保姆使唤，从未有半句怨言。

养儿方知父母恩。想到这里，一夜无眠。

次日早上起来，拿梳子梳头，一不小心梳子掉进马桶，当时脑子浑浑噩噩的，竟直接按了冲水键，马桶瞬间被堵，污浊物都浮了出来，一片狼藉。

一切都是那样的毫无防备，所有的坚强在那一瞬间倒塌。我不想再伪装坚强，瘫坐在地上，放声痛哭。

那时正是清晨六点，老公和孩子们还在梦中，鼾声此起彼伏。

在那一刹那，真的很想逃离。

拿着手机，在微信朋友圈写下一行小字：如果可以，我想消失几天……

闺密第一时间发来关心的问候。

有热心网友帮我出谋划策：不用去太远的地方，附近走走，记得把手机关机。

可爱的读者对我说，人生每个时期都应该有假期，好好放松调整一下，记住，你是最棒的！

把我感动得热泪盈眶。

更多的留言则是来自于和我一样的已婚妇女们：我也想，

干脆一起吧。

我不禁哑然失笑。想起艾明雅说过的一句话：人人都在苦海沉沦，不要以为你的苦最特殊。

是的，其实就是这么一回事。众生皆苦，谁人能幸免？

当天下午约上闺密，喝下午茶，逛街，看电影，踩着月色和霓虹回家。开门的那一刹那，心里还是有些忐忑不安，像做错事的小孩，但一打开门，温暖安谧扑面而来，两个孩子穿着睡衣，正聚精会神地看动画片，很显然老公已帮他们洗了澡。

见我回来了，老公从书房里走出来，关切地问我吃饭了没有。我微笑着点点头。然后告诉我，厕所他已经通好了，让我不必再自责。我能够想象老公在通马桶时被喷得一脸粪水的狼狈样子，一腔爱意油然而生，本是一场干戈化为了玉帛。

第二天，一家四口，欢天喜地去了长鹿农庄，老公带儿子，我带着女儿，坐着小火车丛林探险，体验了鬼屋的惊心动魄，也享受了旋转木马和摩天轮的浪漫风情。

生活不会永远是苦的，有喜有悲才是真实的人生。

傍晚六点，兴尽而返。全家人先去医院给孩子拿药，然后找了家主题餐厅，晚餐吃得很欢乐，一派温馨，笑声不断。先前的悲伤，早已不复存在！

晚上十点，孩子们陆续进入睡眠状态。在昏暗的灯光下，我给好朋友群里发了条信息：亲们，你们有没有过特别想逃离的时候？

好友琪琪说：不光婚姻有围城，恋爱也有。我想世界一切简单如我所愿，而实际上，乱七八糟的事情太多。越努力，心越累，累到自己不知道为啥这么拼。有时候很想撇下所有，去一个没有人认识我的地方。然而，只是想想而已。

柠檬说：我今儿个早上起来就特别想逃离，做公众号压力好大，睡觉都在想写什么，许久睡不好了。人一休息不好，就特别烦躁。不看书不写作，又焦虑不安，像是得了强迫症。能力还配不上理想的时候，特苦逼。

冬冬说：和公婆住在一块儿，关于生活习惯和孩子的教育，两代人的理念完全不同，经常发生争执，很想逃离如今的生活，但不知道能逃去哪里。

……

接着，我笑着把近来的经历讲给她们听。

女神小旗笑着回答：今天的事，明年的今天再想起来，那都不叫事儿。

有句话说，女子本弱，为母则刚。

女孩都是感性的，受点委屈，就会无限放大，恨不得人人知道，满世界求安慰。然而女人，就不一样了，结了婚生了娃，就像自动披上了坚硬的铠甲，个个炼成了金刚芭比，再苦再累，咬牙坚持，绝不言苦。

柏邦妮在《奇葩说》里说："这个时代把中国女人推向了世界，却没有把中国男人拉回家庭。所以，大多数中间女人都在辛苦地打着两份工，一份叫事业，一份叫家庭。"

白天在职场上玩命拼杀，晚上周旋于家里的锅碗瓢盆和孩子的哭笑打闹中，还有一些女人从罅隙里挤出时间来，坚持自己的兴趣梦想，她们身上都仿佛有使不完的劲。

拔开厚厚的面具，她们真的有那么坚强吗？

不，任何人都有他脆弱的一面，只是不想让别人看到。

陆琪说，有些人的坚强，是伪装出来的。

在这个世界上，有一种情绪是所有人都有的，那就是脆弱。如果有人坚强、坚持和坚硬，他不过是在掩饰自己心底里的脆弱。夜深人静，他一样会哭。越强大的人，内心就越有脆弱的地方。

因为我们不可能独自面对世上的一切，不可能把所有事情包揽完都做好。小心翼翼施展着自己的拳脚，打出一片天地，然而就有那么一刻，也许是一种莫名的情绪，也许是极细微的一个动作，或者是无足挂齿的一件小事，瞬间就会把自己击垮。

我们承受了太多，却没有好好善待自己；我们张牙舞爪着坚强，内心却总有不敢触及的地方；我们为了不让他人耻笑总是展现笑脸，却忘了还有久久不会消散的孤独。就是这样，一面坚强，一面脆弱着。

亲爱的，我想说，如果我们不得不被各种标签和身份加身，如果有一天，你感觉特别累，快要坚持不下去了，不如暂时放下，天不会因此而塌下来，也给男人们一些表现的机会。我们喘口气，休息一下。

毕竟，我们也需要一个安静的角落疗伤。然后，继续拼！

如何才能体验洪荒之力的"快感"？

立秋之后，接着断断续续下了几场雨，先前燥热的天气被舒适凉爽取代。

昨天晚上我像往常一样，七点离开公司，吃了饭回到家八点半，在小区花园里跑了两圈，看看表，时间还早，干脆去洗个头，正好刘海也长了，需要去找小区发廊老板给修剪一下。

差一刻九点到达发廊，客人不多，没有往常的喧闹，我问给我洗头的十二："怎么，今儿个不见老板的人影？"

他笑着说："休伤残假去了。"

我不小心把"伤残"听成了"商场"："又扩展了？还真是够拼的。"

平时洗头喜欢就近，基本都在小区发廊解决。这家发廊开了近十年，最初是他爸在经营，后来子承父业，我和他们父子都聊得来。前几年，他们又在外围开了一家，每天穿梭在两家发廊之间忙成狗，服务性行业越是节假日越忙，从来不见老板休息。我挺纳闷的，因此今天不见他人就觉得奇怪。

我听错了惹得十二哈哈大笑："姐，是受伤的伤。"

"怎么了？"我关切地问道。

"前几天他在家里换灯泡，不小心割到手指头，至少得休息半个月。"十二说罢，其他几个洗头的工仔也都跟着哈哈大笑，笑声中带着幸灾乐祸。

不一会儿，进来一个洗头的妇女，说道："谁来帮我洗?"旁边三个洗头工正在全神贯注地玩手机，充耳不闻。

十二看着那位女顾客甩了甩手说："下班了，明天再来吧。"

我抬头看看挂在墙上的钟，时针刚好指在九点一刻。

"平时不都是十点钟才闭门谢客的吗?"

几个洗头工，还有一个吹头发的师傅，以及前台的收银小妹都异口同声地说："老板不在，早点下班!"

看着他们个个一脸的"贼"笑，我忽然感到一丝心凉，在心里替他们感到悲伤。

需要有人监督才能好好工作的人，想出息，太难了!

今天偷的懒，都是明天打在脸上的巴掌。

八年前就认识了给我洗头的十二，小伙子当年很健谈，又长得眉清目秀的，很受女顾客的欢迎，大家都喜欢跟他唠嗑，天南地北地唠，娱乐八卦扯不完。有一次我问他，你这么聪明的小伙，其实可以再学点什么。言下之意，洗头这种死活，工资又低，长期干下去没有前途。

他明白我的用意，问我公司招不招人?

我从事的是外贸出口，会英文的女孩才吃香，几乎不关男人什么事。

他听了略微失落，但很快又恢复往常的神气："老板是我的四川老乡，他说了，让我先洗着头，过段时间升我做助理，然后有空就教我理发，未来有机会我也自己开一家。"

这一等，八年过去了，他已经从洗头的少年变成了洗头的青年，每天做着简单重复机械的工作，月薪三千，月光族。

在这八年间，他回去了两年，相了几次亲都没成功，我问他是不是眼光太高了？他说，对于年龄比自己小的妹子不感兴趣，小姑娘不成熟总是要人去哄，太劳神，想找个成熟独立的姐姐恋爱，又苦于没有合适的。

相亲不成，十二又跑去其他城市打了一段时间的工，也不太顺利，最后又悻悻回到了这里。

曾听发廊里的人八卦，说十二在前几年认了一个常来洗头的富婆做干妈，逢年过节都会去干妈家串门，比富婆的亲儿子都勤快孝顺。但并没有因此脱贫致富，走上发达之路，如今依旧是一个普通洗头工，拿着较低的薪水，不同的是两支臂膀上多了龙的纹身，密密麻麻的，有了江湖人才有的匪气和玩世不恭。

昨晚在替我洗头的过程中，听他伤春悲秋，抱怨命比纸薄，埋怨时运不济。本想说点什么，但我明白说了也是白搭，浪费口舌，只是躺在那儿安静地听着，不发表评论。

人们常说，缺乏人生目标，才是最大的失败。为此，有专家针对一千个失败者进行研究，发现百分之九十九的人是因为从未设定任何人生目标，所以他们华丽丽的失败了。

而十二的失败，并非如此。

八年前，当他还是一个快二十岁的小伙子时，满腔热血壮志凌云，将来做发型师，开发廊，把人生的蓝图描绘得美好无比。然而，他只是把目标停留在口头，从未想着去为目标做些什么。

当年列宁对罗亭哀其不幸怒其不争，说了一句著名的话：

不要做思想的巨人，行动的矮子。

其实，如今像十二这样的年轻小伙子和姑娘们，仍然大有人在。他们永远等着机会，老板、上司什么时候有空手把手教，孰不知，每个老板、高层管理者都一样，忙成狗。

弱者坐以待毙，等待机会；强者主动学习，创造机会。

每当看到十二给客人洗完头，就坐在一旁埋头玩手机。老板在替顾客剪头的时候，他视而不见，替他着急。稍微有点悟性的人，一件事看久了都能学会。

他说自己笨，害怕学不会，丢了面子，掉价。人生本是一场试错的过程，害怕失败，实际上等于拒绝成功！

我常去的发廊还有一家，位于万达广场里面，一个叫Mofas的高档发屋。洗头我喜欢在小区发廊，做头发我就来Mofas，一年总会来几次。我和这家发屋的女店长很相熟，喜欢她的长发风情万种，也喜欢她的穿着打扮，举手投足，尽现妩媚性感。

2012年，她还只是这店里的打杂人员，做的是给客人泡咖啡、倒水的跑腿工作。但这姑娘特别的勤奋好学，别人做完自己的本职工作后，不是聚众聊天，就是埋头刷朋友圈刷微博，而她不是跑去助理那儿跟人学染发，就是看人剪发，很快和所有人混熟。

一年之后，她由勤杂人员变成助理发型师，接着又成了资深发型师，再后来升为总监。她人热情阳光，又积极，加上人际关系特别好，和客户轻轻松松就能打成一片，被老板破格提拔为店长。

姑娘很努力，如今她已经是几家连锁店的店长，年薪好几十万，二十八岁，成了职场精英人士，开着几十万的红色

BMW，追逐者排成龙，挑花眼。

我们看别人成功，总觉得很轻松，信手拈来。只有和她特别熟的人才知道，其实这些年来，她在工作上也遇到过不少挫折和难缠的顾客，咬紧牙关才坚持了过来。

一个人失败的原因实在太多，而归结起来，不过两个方面，一个是内在的自己，一个是外部的环境。环境再恶劣，也有办法去克服，可是自身出了问题，站起来的可能性基本就没有了。

人最大的敌人是自己，没有信心，怕失败怕出错，不敢尝试，能做成什么呢？向上的心，改变现状的愿望，才是促使我们向前走的基本动力。

有了这动力，剩下的便是行动了。行动最折磨人。顺顺利利做成一件事的，基本上没有，还不知道有多少困难在等着。你见哪一个成功的人，不是在泥泞中摔过N个跟头，绕过多少的弯路，才到达成功的彼岸。包括我身边许多人，没有一个是随随便便就成功的。

听一万句大道理，也不如受到一次挫折痛。

那些切肤之痛才会让人真正醒悟做出改变，才能杀出一条血路走出泥泞。这需要行动，需要一次次错误的磨砺。不做，不碰壁，永远不知道路该怎么走。

并不是说忍受挫折是多励志的事情，挫折能修正我们行动的方向，最重要的是刺激我们的思想，改变我们的精神。

如何才能获得洪荒之力的"快感"？

只有行动起来，在跌跌撞撞中，学会如何把脚步走稳，在遍体鳞伤中，让自己变得强大，才能真正体会那种用尽了洪荒之力带来的"快感"。

月入10万，"虐"到你了吗？

01

一个周日的下午，我正带着孩子在公园玩得不亦乐乎，手机忽然响了一声，打开一看，原来是S发来的微信。

S："简，我现在昼夜严重颠倒。"

"别太拼了。"我招呼孩子一边去玩，便兀自坐到旁边的木凳上，回复她。

S："我担心我会出问题，颈椎眼睛什么的，都不舒服了。"

"拼命三娘，你这样下去可不好。"说真的，我心疼她。

S："没事儿。我就想找个体己的人抱怨一下。说出来后，感觉轻松多了。不聊了，我得继续去码字，拜拜。"

说完之后，S又风一样地消失了。来无影去无踪。

夜以继日，周末也不休息，不停地看书写作。这就是S现在的生活状态。

S，在大家眼里是一个女神一样的存在。野性锐气，自由独立，极富才气的奇女子，被许多人誉为80后有思想的女作家。

这样一个出类拔萃的人，通常不轻易在外人面前表现出脆弱的一面。我很荣幸她把我当知心朋友。

这世上，有一些人，在别人看起来风光无限，什么事都能微笑着去面对，敢闯敢拼，无往不胜，无坚不摧。但实际上，他们同样有着脆弱的心灵，只是长期的伪装，致使别人很难发现他们内心深处的柔软与脆弱的一面。

别看他们平时在人群中有说有笑的，但其实心里是孤单的。

02

以上的小节，看似与主题无关，实则紧密相联。

前几天，S在许多粉丝及同行的一再要求下，写下了一篇《从体制内到体制外，从月薪3000+到月薪10万+》的文章，把个人的创业心得毫不保留地分享给大家，此举可以说非常有意义，也相当励志振奋人心。

在网上写文章，单粉丝打赏，一个月就能赚得真金白银十几万，我和您一样，还是第一次听说。

站着就把钱赚了！

此消息出来，在网上马上掀起了一股浪潮。

无数默默无闻的写作者愤愤不平，都是在做同样的事情，凭啥她日进斗金，自己食不裹腹捉襟见肘。

许多尚在体制内的人，开始纠结。体制内的工作虽说稳定一些，弊端却是致命的，年纪轻轻就提前进入一眼望到头的生活模式。大伙蠢蠢欲动，考虑着是不是要从"牢笼"里解脱出来，像S一样写字为生，不仅行动自由，还能把大把票子赚。

生意人看到这篇文章后义愤填膺，他娘的，老子每天辛辛苦苦，一个月也赚不了10万多，凭啥一个小妮子动动手指就轻松赚到？

众人齐呼：我等不服。

03

美国作家菲兹杰拉德在《了不起的盖茨比》中，开篇写到：

我年纪还轻，阅历不深的时候，我父亲教导过我一句话，至今还念念不忘。每逢你想要批评任何人的时候，他对我说："你就记住，这个世界上所有的人，并不是个个都有过你拥有的那些优越条件。"

首先，大家不得不承认的一个事实，写作是需要天赋的，这种天然优势不是人人具备。

仅仅是有天赋，却不愿努力的人，到头来也只能是个聪明的普通人，泯然众人。

据我所知，S读书多，中外名著、天文地理、中国史、世界史，无不囊括，涉及面十分广。只有不断地输入，才能保持持续输出。

接触写作者众多，像S这样坚持每天更新一篇文章者，凤毛麟角。

懒惰是人类共同的天性。

无数人在最初时信誓旦旦拍着胸脯说，我要坚持做这一件事。刚开始的时候，确实激情四射，甚至可以说是豪情万丈，分秒必争。可是坚持一段时间之后，你发现，这收获并不与付出成正比，心里就会滋生出惰性。继而开启自我安慰的模式，没事，我就是这么放纵一下，偷回懒，影响不大的。

孰不知，懒惰这东西就像病毒，一不留神，它就会渗入到你的五脏六腑。

同样作为一个写作者，我深有体会，"臣妾我做不到啊。"

逃离体制容易，一份辞职报告，从此打马走天下。可问题是，你若没有S的那种核心竞争力，出去也是找死，灰溜溜地再折回来，落得个"东施效颦"的下场，被人耻笑。诸位体制内的亲们，还是三思而后行吧。

无论是写作，还是其他任何一个行业，把事情做到极致的佼佼者，才有可能名利双收，而这，永远只能是一小撮人。

世上之事，什么最难？"坚持"二字。

既然这样，就别去羡慕他人敲敲键盘，一个月"轻轻松松"收入10万+了。

04

S写文致富了，不曾料想，竟触怒了个别同行，被人发文狠狠攻击，言辞之间，简直不堪入目。

我无意去揣测这些人的用意何在，出于什么目的攻击。

我只想说，这个人海茫茫的世界，总有一些人，不管你做什么，他们都毫无理由地讨厌你，无视你背后的努力与付出。但也始终有这样的一群人，不管你成功还是落魄，他们都一样喜欢你。

冯友兰说得好：一只狗闯进一个教堂，它既不会明白里面这群人在做什么，也不会明白这祷告有什么意义。是因为它既不懂，也不了解。

任何一个作者，在写文时，即使是在迎合读者，偶尔少了些高度与深度，不可厚非，谁能保证篇篇都是干货。

写作需要长时间的磨炼，一个作者，需要用文章反复试探，在与读者的互动中，找到更适合自己的方式。人没有一成不变，谁能判定今后的S是什么样子？还是交给时间，让时间来验证吧。

对读者的尊重，对梦想的坚持，不装腔作势，赤诚相对，努力做好自己，在今天这个浮躁的社会，本身就是一种高度和深度。

不同意见是正常的。

但我想，我们每个人都想要一种诚恳的态度，要一种富有建设性的建议，而不是情绪的宣泄。

月入10万，如果虐到你了，问题到底出在谁身上？

我想答案不言自明了。

真正的高情商是把自己变得金光闪闪

上周日，我发起了一场好友聚会，应邀者包括畅销书美女作家周冲，国馆陈掌柜，以及情感作者苏小昨。

大家聊到了最近网络上为人们乐此不疲的"情商"问题。首先说明，这并不是一场辩论赛。冲冲才华横溢能言善辩，看过她文章的人想必都知晓，已经到了一般人难以企及的高度，若要与她抗衡，无疑以卵击石，自取其辱。嘿嘿，我才没那么傻呢。

我辩论不行，讲故事貌似还凑合。那么，就让这篇关于"情商"的文章，从三个小故事中徐徐展开吧。

01

首先讲讲周冲。她的个人公众号"周冲的影像声色"，自开年到现在暴涨了几十万粉丝，尤其是前段时间那篇关于教育方面的文章《真正的教育就是拼爹》，空前火，前几天参加女儿学校举办的主题为"书香进校园"的家长会，她的这篇文章还被老师们拿到台上，作为范文特别讲解。

就是这么一个如今在文艺圈呼风唤雨的女作家，当年在家乡甚至是自己家中，却是不招待见的主，难道是"情商"太低？

她出生在江西一个偏远落后的山村，父母生了仨。她是家中的长女，下面有一个弟一个妹。八十年代初，刚刚改革开放，每家每户都一样，家庭孩子多，收入没地方来，连正常的生活所需都难以保障。这时候，父母难免将生存压力发泄到孩子身上，她又是老大，挨的打骂自然最多。仅凭此点，当然不能否定父母对子女的爱。我相信天下无不是的父母。其结果证明也是，在那样艰苦的条件下，父母还是竭尽全力供她读完师大。

我也是农村出来的姑娘，深有感触。特别能理解父母辈的用心良苦。对农村人而言，只有读书这条路才能让我们成功跳出"农门"，周姑娘顺利从师范大学毕业出来，教师的"铁饭碗"到手，实现多少庄稼人的梦想。

可是，燕雀安知鸿鹄之志哉？

心存志远的她，怎么能安心在一个小小的县城做一只"困兽"？几经挣扎，终于在去年上半年勇敢走出体制，全职写作为生，这一大胆的举动，在家里、村里乃至镇上，马上炸开了锅。自古文人多清贫，靠写字为生，无疑是会被人们视为笑话，傻瓜才会干这朝不保夕的事情。加上当时的她，年过三十，还未找到可以依靠的男朋友，大龄未婚成了众矢之的，被视之为"怪兽"。言下之意：智商高，情商太低，有什么用？茕茕孑立的她，让许多人避之不及。

一年后，她用实力证明了自己，名利皆收，亮瞎了当初瞧不起她的人的眼睛。如今的她出了书《你配得上更好的世界》，声名鹊起，并且嫁了一个非常疼爱她的有志青年做老公。那些当年离她远去的人，一窝蜂似的掉转头来，平时不待见的人，也纷纷靠近。

怎么看情商都是极高。事实上现在的她依然是个非常宅的女子，平时都是深居简出，不喜欢交际，也懒得交际，时间多宝贵啊。

当实力有了，情商如影随行。

02

苏小昨，八七年的青年作者，新书《我遇见过很多爱情，却没遇见你》即将上市。

小昨，相貌一般，皮肤稍黑，戴着一副黑框眼镜，穿着一套干练的白色职场服，短头发。初次见她，让我颇感意外，想象中的她应该是个柔声细语小鸟依人般的存在。

她说，从小到大，她就是那种人群中不起眼的那类人。

前几年，在适当的年龄里嫁了人，生了个千金宝贝，为了给孩子完整的母爱，自己做出牺牲，成了全职妈妈。没了收入，得不到丈夫的重视，婆家人更是不待见，一度抑郁。

处女座的她，不会刻意去讨好哪一个人，这在她婆家人看来，实在是情商太低的行为。

好在自己娘家的妈妈一向疼爱她，妈妈同时还是一位与时俱进、知书达理的优秀女性，鼓励小昨重拾学生时代最擅长的事情——写作。

一年多的磨砺，她的文章被认可，顺理成章签约出版，现在还考了教师资格证，在一所私立学校教中学生写作，无论是在经济上还是精神上，她如今都成了家里的顶梁柱。

这之后，婆家人包括自己的老公，一反常态，对她刮目而视之，不仅说起话来和颜悦色，还时不时嘘寒问暖一下。

她笑着说："什么情商不情商的，实力才是关键。"

03

同学阿拉是个热情开朗的姑娘，自称高情商。刚进富士康的时候，还是一个名不见经传的小人物。为了很好地融入其中，她主动包揽了大大小小的杂事。

午休时间，同事们都在谈笑风生的时候，她也会时不时过去插科打诨一下，偶尔还会提出自己的想法。然而她的曲意迎合，并没有换来同事们的平等对待。

周末休息，其他人相约出去玩，从不叫她，她觉得好生委屈。

有一次深夜发微信过来找我诉苦。我简单回了一句："与其低眉顺眼去取悦他人，不如把这份精力用到工作上去。"

04

那天，我把阿拉的问题发到好友微信群，一石激起千层浪，其中"吃饱了睡的"观点最富有哲学性："譬如一个牛人骂我，我觉得他是在教育或是激励我，是为我好。但如果对方是一个弱者，我会骂他全家。他凭什么?"

和绝对有实力的人交往，即便是实力强的人做事并不圆润，说话也许还十分生硬，但都能够自行脑补，并且自我完成对实力强的人的理解。

说到底，情商只在实力对等的关系中发挥作用。

无论情商还是智商，在现实社会中，有时不值一谈，因为众人关注的是实力，而不是你读了多少书，不是你多擅长与他人沟通。因为有地位，在说话时引用一句诗歌，便成了满腹经纶；因为有实力，不经大脑的话都会被人认为有个性。

现实如此，逼着我们必须要强大，不知道是可悲还是可叹，有了实力，也就有了话语权与决定权。

05

一群人，条件对等时才有平等话语权，即使同样的话，有实力的人说什么做什么都是对的，会被重视；没实力的人，说什么做什么都是被否定，或者不予理睬。

老话说，富人深山有远亲，穷人闹市无人问。真理灼见，因为前者能带来潜在的利益。你和实力特别是经济条件不对等的人讨论问题，对方既是辩手也是裁判，即使请第三方，也终会站在实力强的一方。

人们在相互交往中，总体上讲究的是一种对等。事实证明，对等才会有稳定的基础，不对等的关系永远不平衡。所以，人们都在满足"对等"的范围内选择交往对象。大到国家与国家之间，小到个人交友，秉持的原则都无一例外讲究实力对等。

承认这条原则吧，它让我们在心理上反感，它很多时候违背道德上的定义。然而，它是残酷而有效的存在。

真正有实力的人，犯不着去拼情商。自己牛逼了，情商不请自来。

孤独，才是最好的增值期

01

上月底摔了一跤，当时先生在家帮我细心包扎，我还特地写了篇文章赞他，没想到"好心办坏事"了，医学知识欠缺，处理不当，几天后伤口红肿发炎，最后竟然化脓了，后果很严重。

在床上静躺的这一周多，感触万千。这事如果是发生在二十几岁，我一定是抓心挠肝坐卧不安度日如年。然而，现在已年过而立，年龄赋予我面对孤独的能力。趁休息这几天，我写了三篇文章，读了两本书，感觉无比充实。

孤独实在是件好事，是一个人最好的增值期。

可是人在太年轻时候，往往不能懂得，逢是放假的好日子，若不能呼朋唤友将自己置身于闹哄哄的人群中，免不得大呼浪费生命。

可是，你见过几个在不同领域有着出色成就的人，成天厮混在人堆里打情骂俏家长里短的？

02

著名演员罗兰曾经说过一句话："在孤独中，我正视自己的真感情，正视真实的自己。我品尝新思想，修正旧错误。我在孤独中犹如置身在装有不失真的镜子的房屋里。"

这名杰出的艺术家，星途并非一开始就坦荡。她出生在香港一个平凡的家庭，长得也是很普通。并不漂亮，也不特别聪明的她，为人诚厚，做事踏实，读书认真。可惜由于家境太过贫寒，中学未毕业就因交不起学费而辍学，之后好长时间找不到合适的工作，经常在街头闲逛。

偶然一次和朋友一起跑去片场看拍电影，阴差阳错做了临时演员。由于外表不出众，也没受过高等教育和专业的培训，参与过百部电影的演出，都只能在电影中担任绿叶的角色。然而她并不气馁，所有的业余时间都在孤独中度过，闭门修炼，反复读剧本，揣摩人物心理。经年累月的积累，演技终于精湛起来。越努力越幸福。慕名前来的大导演络驿不绝，好片接踵而来，功夫不负有心人，经年之后成了香港电影的传奇人物。

每一个成功的人，都曾经历过一段黑暗孤独无人问津的岁月。我们都是自己人生的摆渡人，要摘得美丽的彼岸花，还得耐得住孤独寂寞。

03

传说南半球有一种荆棘鸟，它一生只唱一次歌，但歌声却比世界上任何生灵的歌声都悦耳动听，它一旦离巢去找荆棘树，就要找到才肯罢休。

每每这时，它把自己钉在最尖最长的刺上，在榛榛树枝间婉转啼鸣。超脱了垂死的剧痛之后，歌声胜过百灵和夜莺。

据说它只要一发声，整个世界都在屏息聆听，就连天国里的上帝也笑开颜。

是什么使得它的歌声如此动听？

只有忍受极大的痛苦，才能修得出神入化的技艺，一鸣惊人。

04

上个月家乡的一个朋友好心建了个微信群，本意是用来联络乡情，却不料拉进了几个赌徒，几个引来众多。从此，群里乌烟瘴气，除了抢红包还是抢红包，从东方吐白的清晨到万籁俱寂的深夜。完全违背了建群初衷，群主一气之下退了群。

有多么无聊，才会把大好的时光浪费在聚众赌博上。

人是社会性物种，合群无疑能显示出你的高情商好人缘。

但你若把所有的时间都用来合群，这一生注定只能庸俗不堪。

05

孤独才能迸发出惊人的创造力。凡高、毕加索、达·芬奇的画作之所以能震惊世界；巴赫、莫扎特、贝多芬的音乐作品流芳百世，就是最好的例证。

内心一片荒芜，才会害怕孤单，在人群中才能找到可怜的存在感。

然而，一个人真正想在某个领域有所建树的话，只有让自己安静下来，潜下心去钻研，与孤独为伴。

孤独是一种心境，整天为利益得失追名逐利者，一惯浮躁焦虑的人，永远体会不到孤独之美。拥抱孤独才能真正与自己的内心对话，灵感创意在孤独中萌发，卓越思想在孤独中发芽。

从某种意义上说，能忍受多大的孤独，就能创造多大的成就。

06

我们的时间是有限的。过度追求外在，诸如金钱、名声之类，必然挤压我们内在的生存空间，没有时间去反省真正属于自我的东西。如同一块菜地，你种满一种蔬菜，那就无法再去种植其他。

外在重要吗？外在是必不可少的，没有物质我们无法生存，生存下来后，开始追求更好的物质更大的事业，用它们来代替我们生活的一切，从这个角度来说，我们生活的时代是贫穷而匮乏的。五颜六色的泡沫和快餐式的消费品，一天天快速出现又匆匆而去。无须多讲事例，看看我们的周围，能真正留存下来的都有些什么？

外在的东西有时是很难把握的，只有充实的内在我们才可以自由掌握，知识与见解，思想与能力，都是属于我们内在的东西，它们也会消失，在时间和死亡的面前消失，但是其他人永远无法抢夺走。财富与地位，今天有，明天可能会丢失。充实的内在不是这样，在我们肉体还存在的时间，永远属于自己。

获得充实的自我，我想不出比放弃庸俗的社交、放弃过度追求外在更好的办法。在属于自己的孤独的时间与空间中，我们的自我意识才会成长，我们的元气才有可能一点点累积，我们才有可能独立于他人之上成为独一无二的人。

唯有孤独，让我们获得真正意义上的成长，让我们的人生有区别于他人的色彩。很喜欢那首歌："梦想注定是孤独的旅行，路上少不了质疑和嘲笑。但那又怎样，哪怕遍体鳞伤，也要活得漂亮。"

生命中的那份坚持，必不可少

01

熟悉我的人，可能会发现我应该算得上是一个能够坚持的人。

从事的职业与鞋子相关。从刚出来工作，到如今，十几个年头，不曾变换，如果不出意外，我打算在这份职业上"从一而终"了。

也许你会觉得，一辈子只与鞋子打交道，这样会不会太枯燥乏味？

我可以肯定地回答你：一点不会。

因为这是我非常热爱的职业。

02

前两天，一个叫安静的读者问我："简姐姐，你还是生意人对吗？"

"嗯，小打小闹，混口饭吃。"我说。

"生意人也喜欢写作吗?"安静表示很惊呀。

"不足为奇,你看看人家马云,俞敏洪……写字、演讲、生意、慈善不耽误。我虽没有他们的鸿鹄之志,但求坚持做自己喜欢的事情。工作,用以安身立命;写字,丰富精神生活。两者之间,并不矛盾。"我微笑着回答他。

"我是2014年毕业的学生,到现在还没有找到方向感,目前在家里待业。家人觉得我应该找份工作,可我不知道进入哪个行业好。"安静终于说出了找我聊天的真实原因。

"职业当然选择自己感兴趣的,这个道理相信你懂得。但年轻时的我们,通常比较迷茫,似乎觉得这也喜欢,那也不赖,但如果因为这样难以抉择,而不去做一些尝试,只是坐以待毙,不能帮我们解决任何实际性的问题。"因为他的信任,我也就直言不讳了。

"忠言逆耳利于行。"他点头表示同意,打算近期就出去找工作。

家长喜欢替孩子做决定,哪个专业出来将来好找工作,咱就上哪个专业,一窝蜂都往里挤。这就造成,一些岗位,供过于求;有些岗位,成为冷门,鲜有人问津。

作为父母的我们,很少去问孩子真正感兴趣的是什么,让孩子选择喜欢的专业,为自己的人生做主。只有少数一些有主见的孩子,才会坚持己见,与父母抗衡一下,而大部分的孩子仍然受其影响,默默接受父母的安排,毕业出来,做着自己不喜欢的工作,余生在郁郁寡欢中度过。

做着自己不喜欢的工作，又如何能够在工作中大放异彩做出卓越的成绩来实现自身的价值？

有些事情该坚持的，绝不能妥协。

03

我很欣赏女儿曾经的班主任黄老师的做法。她只有一个女儿，完全尊重女儿的喜好，让她进自己喜欢的美术学校。一般的家长或许会认为，让孩子将来做画家？那太扯淡了。

而黄老师的女儿阿雪，在美术学院里认识了同样热爱美术的帅气老公，两人毕业后在他们小区开了间"向日葵画室"，收了一批学生，不以赢利为目的，致力于把自己毕生所学毫无保留传授给孩子们，闲暇时自己依旧可以作画。虽没有大富大贵，日子却过得有滋有味，活色生香。阿雪去年怀孕，这个月准备生孩子，一点工作都没耽误。因为热爱，怀孕也能快乐坚持。

有时候，我们坚持一件事情的时候，想的并非创造丰功伟绩，扬名立万，更多的是追随自己的心，只要心快乐了，创造奇迹，不在话下。

04

我不是一个热爱运动的人，工作之余更乐意看书码字或是看场球赛，但这样不好，老坐着，久不运动，身体机能下降很快。于是在去年年初，拉上弟媳结伴报了个瑜伽班，心里想着两人有个伴，可以互相督促着。

刚开始，我们的确很积极，下了班就直奔瑜伽馆而去。然而，我们没坚持两个月就开始懈怠。今天借口白天上班已经够累了，下班后还折腾个啥，过两天再说吧。两天后，想想还是算了，不如约上三五好友出去搓一顿。

当我们不想做一件事的时候，总能找出一万个借口。然而，当我们想做一件事情的时候，就有了万夫不当之勇，无论什么，都不能成为阻挡我们去做的理由。

弟媳热爱烘焙，这些年来，从不曾停歇，今天做曲奇饼干，明天整水果蛋糕，后天弄芝麻花生糖，周而复始，循环往复，不停地变换花样，乐此不疲，三十几岁的女人，看起来就像二十出头的小姑娘模样，呈逆生长状态。

像我，痴迷于写作。白天有事要打理，晚上还有两个孩子要伺候。尽管每天累得精疲力尽，晚上也要坚持在孩子睡着后，悄悄打开灯来看书，黎明时分爬起来码字。先生看到这样拼命的我，既心疼又自责。日子确实很苦逼，却也无比充实快乐，为了这份爱好，一切坚持都是值得的。

当你热爱一件事的时候，心心念念都在想着。

05

我有个微信群，里面全是小文艺，大家因曾经在同一家公号上发表文字而结缘。平日里有事没事就会交流一下各自的读书心得，也会将自己写的文章发到群里供其他人吐槽。

A女士和B先生，是群里的其中两位。A是名公务员，热爱戏曲，艺术气息特浓，写得一手好古典美文，去年发表过好几篇作品，堪称经典之作，我看了后甚是膜拜。

B就职于一家银行，从小喜欢听音乐，对林夕的作品如数家珍。长期音乐的熏陶，写得一手好乐评，曾经轰动一时。

可这二位，近半年来，再无新作出来，我又非常喜欢他俩的文字，于是私下联系他们，问了个究竟。两人的回答如出一辙。一个说单位评职称，忙。另一位说上头派下任务，年底要完成多少的业绩，因此就把文字给割舍了。

忙，这其实都是借口。处在这个你追我赶的时代，有谁不忙呢？家庭、工作、孩子，上有老下有小，谁都无法逃避。

鲁迅说过一句很经典的话："时间就像海绵里的水，挤一挤总会有的。"

我们皆凡夫俗子，都免不了为一日三餐发愁，为未卜的前程披荆斩棘。

06

谁都有心血来潮冲动的时候，那不是喜欢，喜欢是发自内心的热爱。喜欢一件事情很容易，难的是坚持下去。一日曝十寒，朝秦暮楚难有所成。持续的动力，才是必不可少的条件。即使没有走向众人仰慕，至少心里有所依靠，那生活也是充实而快乐的。

快乐从哪儿来？就像胡适所言：进一寸有一寸的欢喜。

忙碌的日子里，有时真的没了心绪与时间做自己喜欢的事。但我想，再忙，一天之中总能抽出一些时间，坚持不在于每天都花费大量的时间，而在于每天都做，哪怕是时间很短。几个月之后，你就会觉察出自己的进步。这才是坚持下的大欢喜。

无论怎样，我们也不要活得乏善可陈，那份心头之爱，怎样也请坚持下去。不求活得轰轰烈烈，但至少不会沦为庸俗之人。

其实，生活中有一两件值得我们去做的事情，就会显得特别美好。

如何才能把生意做得更好？

如何才能把生意做得更好？个人十几年的创业心得，在这里跟大家分享一下。

一、创新与品质

A是我的一个供应商，人挺老实，做事也诚恳，就是创新跟不上。一年到头，很少有几套新品上来。由于他跟我先生交情不错，A会在穷途末路之际打电话向我先生求助。先生是个重情重义之人，晚上在我耳边吹风："若有客户提供样板做单，你给A做一点吧。像这种情况，我一般会帮忙，但仅限一次。

曾经在QQ上看到一句签名："麻烦别人，最好不要超过三次。"

做生意的人，与其去打交情牌，倒不如埋头去创新。

无论我们从事哪个行业，产品的创新与质量始终是位居首位的。没有这两样，赚钱就无从谈起。

二、互利才能共赢

经常会听生意人说："今天运气真好，逮到一白痴顾客，成功赚取暴利。"眼角眉梢，不无得意。

生意场上，小胜靠运气，大胜靠德行。追求利益最大化，乃鼠目寸光的行为。孰不知，懂得分享利益，才是真正的智者所为。

曾经看过一篇采访李泽楷的文章，读后很有感触。记者问李泽楷："你的父亲李嘉诚究竟教会了你怎样的赚钱秘诀？"李泽楷说："父亲从没告诉我赚钱的方法，只教了我一些做人处事的道理。"记者大惊，表示不信。李泽楷认真地说："父亲叮嘱过我，当你和别人合作时，假如你拿七分合理，八分也可以，那我们李家只拿六分就可以了。"

我不由得拍案叫绝。这样的人，谁不乐意找他做生意呢？

做生意到最后，说到底拼的是做人。给别人留余地，才是做人的至高境界！

三、情商做人，智商做事

我曾经在一间小厂工作。姐弟许久不见，一天，老弟骑着自行车从几十公里外的地方赶来看我。记得那天是夏天，太阳当空，老弟到达的时候是晌午，汗流浃背，全身湿透。当我跑去找老板娘X小姐，想请半个小时假出去，和老弟谈上几句时，被她无情地拒绝了。当时，我是在办公室工作，那会儿是一点事都没得做，可是无论我怎么请求，她都无动于衷。那一刻，我真是切齿痛恨，第二天毫不迟疑辞掉了工作，头也不回地走了。一直以来，我都不是个记仇之人，但那一天，我却记住了。

有许多这样的生意人，在客户面前，低头哈腰，逢迎拍马，出手阔绰，对自己的员工却是另外一番嘴脸，不是苛刻吝啬，就是无情无义。这样的老板，员工又怎么可能长久地追随，为你卖命。

后来，我自己创业，做上了老板，总会将心比心，为员工着想。这么多年过去，原来的老员工几乎没怎么走。

再者，用人不疑，疑人不用。同时将公司的业绩与员工的利益挂钩，这样一来，等同于他们在给他们自己打工，自是竭尽全力。

做老板忌讳凡事亲力亲为，每天昏天暗地地做，累得半死，到头来画地为牢，生意反而越做越小。

学会用人，显得弥足珍贵。一个人的智慧，又怎么可能比得过众人之智？

四、吃亏是福

B是一家鞋厂的老板。客户下单过去，总在一些细节小事上斤斤计较。比如客户要求多放一片防霉贴或是加个白布袋，他总要算得清清楚楚。长此以往，势必引起客人的反感，从此不再下单给他，岂不是因小失大吗？

做老板的人，在大事的决策上，坚决不能犯糊涂。但在一些小事的处理上，不如装装糊涂，乍一看，似乎很吃亏。时间一久，你会发现福泽深远。客户不会永远让你吃亏，人心方能换来人心。当全球经济低迷时，别人门庭冷落，门可罗雀，而你家门前依然车水马龙，人来人往，岂不快哉？

五、怀感恩心走四方

最后一点，也是最重要的一点。不管做什么生意，都要对我们的客户心怀感恩。这世上没有一种给予是理所当然的。点滴帮助，谨记在心，逢年过节，不说送礼，平日里经常真诚地问候一下，实属必要。

懂得感恩，才能成就梦想。

如何才能把生意做得更好？以上五点，也许能帮到您。而这五点之中，实际只有一个根本，那就是好好做人。生意有起有伏，把人做好，暂时亏了，以后也能赚回来。买卖做到最后，拼的不过是人品。世上不缺聪明人，机关算尽，都不如一份赤诚与信任来得直接有效。

年轻人，不要让薪水绑住了手脚

把人的一生拉长来看，方可定输赢成败。可惜，年轻的时候，我们大多数目光短浅，只盯着眼前的利益得失看，看不到薪水背后可能获得的成长机会。

有一个老表，十年前就出来工作，换工作就跟换衣服一样勤。别人问他为什么定不下心在同一岗位上干久一点。原来他不是嫌工资低，就是觉得累。十年过去了，与他同期出来的人，大部分人已飞黄腾达而去，而他如同逆水行舟，不进反退，这会儿已经退无可退，只能到工地上打打零工，还得看老天爷的脸色吃饭。

执着努力未必能成功，但消极放弃一定是失败的。

这些年，我也陆陆续续招聘过不少新人到公司。有相当一部分人，把工作只当成是帮老板干，对于自己分内的事情都是应付了事，分外的事情自然而然不闻不问，每天巴望着快点到下班时间，然后逃之夭夭。把工作当成负累，而不是享受，每个月拿着微薄的工资，浑浑噩噩，度日如年，一边抱怨老板如何的吝啬，却从来不知道反省自己。

这种人只是在被动的工作，老板付我多少钱，我就干多少活儿。心态是消极的、抱怨的，他们把工作当苦差。类似这样的人，一辈子只能是打工。还有一种人，除了出色完成老板指派给他的任务外，主动承担不是自己分内的事情，这种人对工作表现积极热情，富有创造力。老板都不是傻子，你做的事情完美，你为他创造丰厚的利润，天长日久，他看在眼里，加薪晋职，不过是迟早的事。只是许多人，都没有耐心去等到这一天，便负气一走了之。重新换岗位，心态还是不能改变，循环往复，增加的只能是年龄和额头的皱纹。

薪水的高低难道比个人的成长更重要吗？

生活的出路，往往来自对工作的热忱。

十几年前，我曾在一家工厂做老板秘书，一个月工资六百块，本可以在办公室接下电话，开几张单子，坐在电脑前轻松度日。然而我并没有那样做，时常上车间走走，看看产品的质量，发现问题及时反映上去，和管理部门沟通交流解决。

当时那个老板的交际圈子很大，三天两头有朋友和客户到访，除了热心接待之外，我还会与他们攀谈，从中学习。我并不认为打工就低人一等，就不配与比自己优秀的人交流。人生来是平等的，哪有高低贵贱？暂时落后，不代表一辈子走在人家的后头。

年轻，就有无限可能，不是吗？

刚进入社会，在这个时候，利益心往往不能太重，急功近利的结果就如同背着沉重的包袱前行，又如何走得快。不如换个角度思考，赚不到薪水赚经验，赚不到经验，赚人脉资源。只要努力，不可能一无所获。

我至今仍打心底感激这家工厂的老板，虽然没有从他那收获到多少的薪资，但却赚到了无法用金钱来计算的人脉和经验，为以后自己出来创业打下了坚实的基础。

爱默生说："有史以来，没有任何一件伟大的事业不是因为热情而成功的。"

所以，年轻人，当我们能力还没有达到一定程度时，不要去斤斤计较薪水的高低。抱怨解决不了任何问题。何不先调整自己的心态，热情投入到目前的工作中去，努力提高效率，当工作出色了，还怕薪水提不上来老板不赏识吗？别早早地让薪水绑住了自己的手脚。

假如，真的不幸遇到葛朗台那种一毛不拔的铁公鸡老板，咱们先沉住气，学到技术后，再炒了他也不迟。

长得漂亮，远不如活得漂亮

如果说二十岁的女人是一支白百合，清纯圣洁，散发出淡淡的清幽，那么三十岁的女人便是一朵红玫瑰，千娇百媚，仪态万千，经过岁月沉淀，她呈现出来的美是一种成熟的美、自信的美、安静的美，无与伦比摄人心魄。

倘若你要问我更喜欢哪个年龄阶段的自己，我会毫不犹豫地告诉你，不是十几岁懵懂无知的少女时代，也不是二十几岁盛气凌人的青年时代，而是现在三十几岁的我，就像时间打磨后的璞玉通透温润，带着淡淡的雅，遇事沉着冷静会换位思考，不刻意取悦别人，只愿安安静静地做自己，拥有对梦想和美好生活的追求，学习的热情与日俱增，不空虚寂寞，不嫉妒比自己优秀的人，早上写作，白天工作，晚上健身阅读，周末陪伴老人和孩子，每一天都过得充实快乐。

回想起十几岁的自己，简单善良，却有一颗无比自卑敏感的心，没见过世面，格局很小。但凡班上有比自己漂亮、学习成绩更胜自己一筹的女生，嫉妒之心昭然若揭。喜攀比，见到别人家庭条件比自己家好，衣食无忧，成天穿得花枝招展，而自己却是粗茶淡饭，衣裳朴实无华，就会责怪父母没用，不能给自己创造优越的物质条件，从而心生不满与愤怒。

二十几岁的时候特别自以为是，取得小小成绩就喜欢到处炫耀生怕别人不知一样，狂妄自大，目中无人。情感上受一点点伤害，就要死要活的，咄咄逼人。与父母意见相左的时候，总是尖酸刻薄，硬是要争个高低，不会设身处地为对方着想。对待孩子，对爱人，没有耐心，易怒易躁。交友没有原则，见个人就当作朋友，掏心掏肺，毫无顾忌。喜欢热闹从众，完全静不下心来去学习，更不懂独处之乐。总而言之，二十几岁时就是一副"宁叫我负天下人，不可天下人负我"的样子，不可一世。

感谢岁月把我变成了现在的自己，丰盈、谦卑、安静、上进、从容，依旧善良。在面对父母唠叨之时，报之以笑，做一个安静的倾听者，不争不辩。孩子吵闹时，予以更多的耐心。面对丈夫身体发福，不再冷嘲热讽，他乐意做一个健康快乐的胖子，其他也没有什么不好。交朋友不再在意多少，更在乎精益求精，但凡决定结交的朋友，必定以诚相待，以心相交。

曾经我只懂索求，而如今，我更乐意付出。施比受更能让人快乐，不是吗？

曾经我一味渴望被爱，如今我已经懂得爱人并且善待自己。

曾经不如人时，我有一颗嫉妒之心，而如今我只跟自己较劲。优于别人，并不高贵，优于过去的自己，你才能所向披靡。

现在，我做着自己喜欢的事，有一份不菲的收入，自由支配自己的人生，不再依附他人，这种满足感无法言喻。

周末闲暇时，我喜欢安静地站在一旁看一朵花静静地绽放，或是举一杯咖啡倚靠在窗棂旁边听一场巴山夜雨，抑或是像个孩子童真未泯俯首拾掇几片落叶当作书签，兴致高昂之时还会赋一首小诗或是大笔一挥写几篇文章，不为名，更不图利，便已经乐不思蜀，堪比神仙了。

　　偶尔，也会心血来潮，臭美一下，拍几张靓照，虽然皮肤不复当年光滑细腻，腰板也没有少女时代纤细如柳，但是眼神依然清澈，身体虽然些许圆润，谁说蜜桃熟透之时，不是另外一番风韵的别致之美呢？

　　待到某天头发如雪，齿落舌钝之时，翻出来再看看，回味过往，意趣无穷，脸上洋溢的尽是满足、安详与宁静。

　　我坚信：长得漂亮，远不如活得漂亮。即便岁月老去，自己依然会是个优雅知性、宽容大度、举止高雅的漂亮老太太，走到哪里都受人尊重。

　　女人，愿你我都被岁月厚待，内心丰盈充实，无惧于年龄的增长，永远年轻、善良、美丽下去，走到哪里，都能成为一道风景！

一事精致，便能动人

生而为人，谁都希望自己无所不能。样样出类拔萃，固然让人羡慕，可毕竟我们大多数人都是食人间烟火的凡夫俗子，没法十八般武艺样样精通。但是，你总得有一样拿得出手。

肚皮舞S老师

我们"美人心计"瑜伽馆的肚皮舞S老师，其貌不扬，是那种站在人群中你也不会多看一眼的女人。目测她的身高不到一米五，皮肤黝黑，上围略显丰满，但肚皮上的赘肉不少，走起路来一颤一抖。当她不跳舞，静静地站在那儿的时候，唯一引人注目的是她那头火红的齐腰长发。

可一旦她换上金光灿灿的肚皮舞文胸，再穿上流光溢彩的裙摆，就马上变得性感妖娆。伴随着音乐声，她缓缓地步入舞池，在五彩斑斓的灯光下开始摆动身体，当音乐渐渐进入高潮时，S加大力度前后摆动，玉臂在空中划出数条美丽的弧线。此时就连肚皮上的赘肉也显得恰到好处。翘臀不停甩动，如蛇精的身段在一片喝彩声中摇曳生姿，嗓子里不时吼着，目光如炬，长发狂甩，野性十足，实在是勾魂摄魄。一分钟不到，成功由路人甲转变成女神，秒杀无数看客。场下的看客掌声雷动，男同胞看得目瞪口呆，口水直流，女同胞更是崇拜她到五体投地，恨不能取而代之。

炒得一手好菜的小石头

小石头其实年龄不小了，三十几岁，中学语文老师一枚，这么说还远远不能概括他，用他自己的话说："不想当作家的厨子不是好老师。"怎么样？拗口吧，我也这么觉得。会写小说又能烧一手好菜的老师就是这样。想起前两年流行一句话："不想当厨子的裁缝不是好司机。"异曲同工啊。

言归正传。石头兄一副知识分子的模样，常年的装束，白衬衣搭配黑西裤，衣扎在裤腰里，脸上架副近视眼镜，不拘言笑。给人的感觉是，庄重、严肃、刻板、无趣。其实非也，我们只是被他的表象糊弄了。他知识渊博上至天文，下至地理，无所不知，一帮兄弟聚会，常常是听他在眉飞色舞谈笑风生，走到哪儿他就是哪儿的焦点。

话说，一回到厨房的他又是另一番模样，专注、认真。褪去正装，换上家居服，系上围裙的石头兄，马上英姿勃发，就像个精力旺盛的圣斗士。择菜、清洗、刷锅、热油、翻炒，直至出锅。把锅掌勺的姿势简直帅爆了，这个过程中任谁都不能打扰他，因为他已经完全进入"忘我"的境界。

我开玩笑问他:"哪怕是个林志玲一样的美人也不行吗?"

他斩钉截铁地说:"不行,我炒菜时不喜欢被打扰,专注做件事情时,整个人很超脱,每一个步骤都在按自己的心意走,那感觉太美妙。这炒菜的过程,是可以忘掉周遭一切的,什么功名利禄,什么爱恨情仇,统统被抛到了九霄云外。"

煎、炒、清蒸、焖、炖汤……石头兄样样精通,尤其注重细节,强调色香味,缺一不可。他说:"这做菜和写小说不分彼此,离不开'专注'二字,同时还需要'耐心'。我喜欢做汤,需要时间,需要火候,我可以静下心来慢慢等。每个冬天我都做高汤,炒菜全用高汤,不加味精之类的调味品,只求一个'鲜'。"

石头嫂真是好命,众女子羡慕嫉妒恨。

聊起厨艺来,石头兄那是如长江之水滔滔不绝。"很有成就感,是吧?"我笃定地说。

石头兄点头表示赞同:"这成就感来自别人的喜欢和肯定,更重要的是这里头蕴含了对亲人、爱人、朋友和孩子的爱。"

用爱做调料,这菜能不美味吗?我恍然大悟,原来炒菜还是一门哲学,关于人生的哲学,爱的哲学。

擅长手工制作的CoCo和会插花的布丁

有几年不见CoCo和布丁了，可是常常在朋友圈里见到她们的作品。CoCo的每一幅手工作品都是栩栩如生，布丁的插花技术更是精妙绝伦，可以想象她们背后在做这件事的专注热爱和日复一日的坚持。记忆中的她们都喜欢留一头短发，从不浓妆艳抹，面容干净，几乎不曾见过她们自拍。相比那些成天在网络上分享自己的美拍照，而内心却是空无一物的美眉们，CoCo和布丁要比她们高贵冷艳。

当一个人认真专注做一件事情的时候，甚是好看，不论男女，那种美，简直光芒四射，杀伤力太大。甭管是跳舞还是唱歌，是曲艺还是小品，是乐器还是相声，是炒菜还是烘焙，是插花还是园艺。总之你有一样精湛的技艺能拿出手，你就能惊艳人群。

交・往

真正的高情商，是背后夸人

01

有人曾经说过这么一句话："说话是最容易的事，也是最难的事。最容易，因为三岁小孩也会说话；最难，再擅长言谈的外交家也有说错话的时候。"

的确，生活中的每一天，我们都离不开说话。说话，是人和人之间交流思想和感情最重要的工具。

说话是门艺术，更是一门学问。世上能说话的人，无以数计。但真正会说话的，又是凤毛麟角。

生而为人，我们不求像黄勃、蔡康永、林志玲等人那样出了名高情商，说出来的话，让每个人都舒坦。但至少可以做到这点：背后不出恶言。

今儿一大早，文艺群里两个女生干了起来。

事件起因如下：

A往群里甩了两篇文章。然后说："这个作者真牛，一篇广告文案，居然敢署自己的名，还被某大号头条转载，有了10万+的阅读量。"

小小一向率真，路见不平一声吼："你怎么就跟XX过不去？"

A继续说："人家广告主提供的内容，她中和一下就变成她的文章了。她抄袭啊！"

原以为是场小女生之间的嬉笑打闹，没想到上升到人品攻击，最后两人在几十人的群里破口对骂，互不相让，以小小愤怒退群而告终。

彼时我正在吃早点，一时好奇，便点开那两篇文章，从头到尾，仔细读了两遍。要说抄袭，压根谈不上。不过是同时引用了《奇葩说》的一期话题 "女性是否应该惧怕30岁的到来"中嘉宾与主持人的部分对话而已。

事件最后，群主把A踢出了群，重新将小小邀请了回来。

人为什么会说别人的坏话？日本作家兼心理学家的齐藤勇就此话题写过一本书。他说："人们在闲谈的时候，坏话不仅仅是佐料，同时也是解决精神压力的一种有效手段。"

02

不久前，在网上看到一篇富有哲理的短篇小说。

讲的是两个落水者。

其中一个视力极好，一个患有近视。

两人不幸落水，都在宽阔的河面上挣扎，很快就筋疲力尽了。

忽然，视力好的那位看到了前面不远处有一艘小船，正在向他们这边漂来。患有近视的那位也模模糊糊地看到了。

于是，两人又重新鼓起勇气，奋力向小船游去。游着游着，视力好的那位便停了下来，因为他看清了，那不是一艘小船，而是一截枯朽的木头。

但患有近视的人却并不知道那是一截木头，他还在奋力向前游着。当他终于游到目的地，并发现那竟然是一截枯朽的木头时，已经离岸不远了。

最后，视力好的那位在水里丧失了生命，而患有近视的那位却获得了新生。

这个故事向我们传递的是什么呢？

生活中，很多事情，不知道比知道好，不说出来比说出来好。也就是古人常说的大智若愚以及难得糊涂。

03

富有正义感，无可厚非。这个世界，最需要这样的人。

早上群里的事，使我联想起上个月发生在好友羊羊身上的一件事情。

那天，她自驾送朋友去长隆欢乐世界。

长隆的停车场15分钟内是免费的。只是那天自助取票处聚齐了不少人，因此耽误了一点时间，从车场出来时，前后共滞留了15分钟35秒。

结果被收了20元停车费。按照长隆的停车收费标准，超过1秒收20元，停一整天也是20元。

好友当时心中有火，但没有为难收费的工作人员。但回到家后，第一时间给长隆的客服部去了个电话，义正词严："你们在很多细节上都做得非常到位，但在停车收费这里，却很不人性化地搞一刀切。其实你们完全可以这么做：15分钟内免费，超时按每小时多少钱收，20元封顶。这样就不至于超过几秒，被迫交上一天的停车费。"

好友是作家，洋洋洒洒地说了很多道理，指出弊端，并且提出解决方案。客服最后表示，一定向上面反映，争取解决问题。

羊羊这么做，倒不是为了20块小钱，她也不缺那点钱。只是面对社会上一些歪风邪气和不合理的规则，发出正义之声。

对于不公，如果大家都缄口不言，明哲保身，这个世界又如何能美好起来？

加拿大华侨黄兴中，曾在《加华侨报》上呼吁：希望全世界一切爱好和平的人民，不分民族与宗教，不分地域与国别，面对不合理时，大胆说"不"，该出声时就出声！

除此之外，尽量少说多听。

04

背后说人坏话是本能，背后说人好话是本事。

喜欢听好话，是人的天性。但当面说好话和背后说好话，效果是不同的。

关于背后夸人，曹雪芹在《红楼梦》中有一段颇为经典的描述：

一天，史湘云和薛宝钗劝贾宝玉做官为宦。

贾宝玉听之，大为反感，对着史湘云和袭人说："林姑娘从来没有说过这些混账话。要是她说这些混账话，我早和她生分了。"

宝玉在说这番话的时候，凑巧黛玉从窗外路过，无意中听见，不觉又惊又喜。此后两人感情大增。

去年我在朋友的提议下，建了自己的读者群，平时原创文会第一时间分享到群里，闲时和他们一起谈文学，也会天南海北地瞎聊。

一次无意中看到读者安安在群里说："从来不见我们群主说过谁的不是，情商真高。"还有一次在一个文艺群里女友小旗说："简·爱从来都是说别人的好。"时至今日，我一直记得她们俩说的话，心中充满感激。

其实我从前不是这样的。

多年前，一次和几个朋友相约喝茶聊天，说着说着就谈到了某个人的缺点，还扬扬自得。事后，闺密Smail姐姐提醒我：背后只言人好，千万别揭人短。

此后，我一直践行着。

马云有言：今天的我你看不起，明天的我你高攀不起。

是的，风水轮流转，没有人永远在顶峰，同时也没有一个人永远处于低谷。人在成功时，很容易得意忘形，天真地以为可以得到所有的人认可，但别忘了，人性有AB两面，也可能招来别人的嫉妒恨。

语言是把双刃剑。

良言一句三冬暖，恶语伤人六月寒。

这个世界总有你不喜欢的人，也有不喜欢你的人。对待自己不喜欢的人，迎合不是好的做法，最好的办法是不说出来，保持恰当的距离。

好的人际关系，是高情商衍生的产物。真正的高情商，懂得在背后说他人好话。此举不仅能极大体现一个人的胸襟和气度，还能为我们赢得好人缘，助我们广结益友，攀登事业高峰。

今天在朋友圈看到一句话，特别好：一个人最好的生活状态大概就是，该努力时努力，该玩时尽情玩，看见优秀的人欣赏学习，看到落魄的人不轻视，有自己的小生活和小情趣，不求改变世界，但求努力活出自己。

亲爱的，当我们学会用欣赏的目光去看他人，你会发现，这个世界竟是如此美好！因为，以善意和真诚对待他人，最终收获的，是更多的善意和真诚。

好的友情，是共同成长

01

先分享一下这两天在网上看到的，一个关于520的段子。

"人人都在期待520。其实520的意思就是，5分钟的感情，2个人的事，最后都是等于0。520是假的，只有502才是真的，一滴永固，三秒即可，永不分离，即使分离，也得脱皮。"

我看着看着就笑了，笑着笑着双眼开始湿润，想起一些往事，也想起一些人。

是啊，再炽热的爱情，结成眷属三五年后也寡淡如水了，而大多数恋人走着走着，最后不欢而散，甚至反目成仇。

对于爱情，人们总是朝秦暮楚，喜新厌旧。而友情则不同，好的友情历久弥新，伴随我们一生。

然而，什么是好的友情？

愿得韶华刹那，开得满树芳华。

02

和闺密阿芳初识时，其实挺逗。

那是2007年的一天傍晚，夕阳染红了天际，美不胜收。

我在花园散步，又碰到那个长得卡哇伊的小女孩，我问："嗨，今天怎么不是小美女的妈妈陪你出来呢？"

"我就是她妈妈。"芳微笑着回答。

其实，在这之前我一直误把小女孩的姑妈当成她妈了。

有些人认识了很久却不能交心，而有些人并不怎么熟悉，却能一见如故。我和阿芳就是，一见如故，相谈甚欢。

这次谈话后，我们猛然发现，两家的阳台面对面，我住七楼，她住六楼，在我家里，可以看到她家客厅，一举一动。

刚认识的那一年，她在一间女鞋厂打工，领着每个月四千的薪水。我已开工作室几年，两人收入相差悬殊，但她从不妄自菲薄。

当我们关系发展到很铁后，在我面前，她依然保持适当的距离和应有的客气。

比如，有时送她一个手袋，她必会回馈我一个价值相当的钱包。比如，我今天请她吃了一顿饭，几天后，她必会回请我。

如此这般，显得生分，我当时极为不解，甚至有点抵抗的情绪。

后来，我在知乎上看到一个提问：朋友好到不分你我是什么感受？答：朋友之间不分你我是错误的相处方式，一方一味的索取，或者一方一味的付出，这种友情都不会长久。

我恍然大悟。

如今相识十年，我俩的感情一如初见时那般美好。

03

闺密家庭和睦，是小区的五好家庭。夫妻恩爱，一家大小极有教养，待人真诚，在左邻右舍中口碑极好。

这些美好的品德，无不感染到我。从前我大大咧咧，心高气傲，认识她之后，也变得彬彬有礼，真诚待人，在今后的人生路上，使我获得了更多的机会。

而我，自然也有自己的长处，例如一直追求上进，保持经济独立，实现自我价值最大化。她在我的影响和建议之下，几年以后辞职自己创业。

开厂头两年，她被客户拖迟货款，供应商那边暂时还未取得信任，资金周转方面困难。尽管如此，她从未向我开口。我觉察到她的难处，主动提出帮她。

现如今，她事业做得比我大。高档女鞋厂，手下几百号员工，产品出口欧洲等发达国家。闺密读书不多，但是冰雪聪明，情商极高，表现在为人处事，接人待物方面，那不是商人特有的精明圆滑，而是发自内心的真诚与付出。

"做最好的自己，才能碰撞到最好的别人。"这句话在她身上完美体现。

许多客户货未出，就提前把货款打到了她的账上。土豪金女客户每次从国外回来，给她带名贵的礼物，她从来不占他人便宜，总是回馈过去。前不久，她买了豪宅，她的另一个客户，二话不说，拿出一百几十万替她垫付首付。

生意场上，长久的成功没有偶然。除了专业，就是人品。一个不懂付出的人，不仅事业上得不到机会，也难以交上真心的朋友。

婚姻亦是如此，即使再好的感情，我们不去经营、付出和珍惜，早晚也将消磨殆尽，最后劳燕分飞。

04

之前在朋友圈见过这样一个关于爱情的观点："我们要晚一点遇见对的人，我刚好成熟，你刚好温柔。"

瞬间被戳中，这句话，其实同样适于友情。

大多数的人在年轻的时候不懂事，执拗，自私又狭隘的我们，即使遇见对的友情，也难免会错过。

我自己就是个例子，其实在遇见闺密阿芳之前，我有过一个非常好的姐妹，共苦多年，却未能熬到同甘。因为我的狭隘，痛失了人生中一个非常难得的朋友。如今回想起来，仍旧懊恼自责,可是有什么用,我和她早已消失于人海。

倘若,等到晚一点,我和她各自成熟,气度、格局都大一点,懂得包容、理解和善待他人时,再遇见,该是多好。只是,人生没有如果。

庆幸,我又遇见了芳。因为有过失去,所以更加珍惜。

有人说,好的友情是各自忙碌,互相挂牵。也有人说,好的友情是有事就联系,没事各忙各的。

我觉得:最好的友情是相伴一生,共同成长。

关于友情,以下两点,是我的切身体会:

一是需要保持适当的距离,因为每个人都有自己的私人空间,再好的朋友,也不能侵入对方的领地。适当距离,是相处不累的基础。

二是需要互相提升,益者三友,友直、友谅、友多闻,好朋友,不是用来一起吃喝逛街玩乐的,而是在生活及事业上,能给予帮助、带来好的建议,相互相扶,齐头并进共同成长。

亲爱的,一辈子遇到几个好朋友不容易,如果真的遇到了,善待并珍惜吧。因为他们是我们生命中不能缺少的一部分。

法国著名思想家伏尔泰曾说过一句话:人世间的一切荣华富贵不及一个肝胆相照的好朋友。

谁说不是呢?

朋友圈里的"小丑"？我躺枪了

01

昨天闲来无事，翻开女友布丁的朋友圈，看罢，我在自己的朋友圈发出感慨：人家那才叫生活，我只是活着。

两个同学在下边评论。

卫斌大笑：那我们只能叫还活着。

芙蓉发了两个尴尬的表情包：我们叫苟且偷生。

我沉默以对。

我承认自己被打脸了。

02

很早就想写布丁的故事，一直拖到今天。

初识她，是在十年前，我俩报的同一家驾校。她留着一头干净利索的短发，随时随地运动锻炼，我很快留意到她。

因为经常在一起练车，我俩越来越熟悉，互加了QQ，了解近一步加深。

不曾想到她的文学素养还那么高。

"生活是件千疮百孔的衣服，而爱是它的补丁。"单这一句QQ签名，让我对她仰慕有加。

我几乎是一口气读完她的所有QQ日志。

她写诗、写短篇小说、写随笔，精彩绝伦，但她只是用来记录，也不投稿。我感慨：一身书卷味的女人，真是美得不可方物。

03

那时候的她，在我们小区大门口租了个门面，和小姑子一起卖水果。夏天时，太阳正对着她的店铺，炎热无比。偶尔从门前经过，看她忙前忙后，却总是一脸的微笑。

后来她买房子搬去了别的小区，我瞎忙，也没顾得上和她联系。好几年，不曾交流。再联系，她孩子幼儿园升小学，找我打听一些事情。

才知道，原来这几年，发生了很多事。

老公移情别恋，离她而去。

她没有自暴自弃，做单亲妈妈那几年，她利用工作之余考会计、健身、读书也一样未落下。在感情方面，秉承宁缺毋滥，没有遇到特别合适的，干脆空窗，专注于自我提升、职业发展和孩子培养。

那天深聊后，打开她的QQ日志，看到最近的一次更新：

《人生是一场与他人无关的修行》

不过是或长或短的一段旅程
没有人可以全程陪伴
很多问题注定只能独自面对
与他人无关

不过是或高或低的波澜起伏
没有人能一直处于顶峰
追顺踩逆自古有之
与他人无关

不过是或大或小的繁琐杂事
没有人能不惹尘埃
本就是庸人自扰
与他人无关

与他人无关的修行
听从内心的驱使
不悲不喜
不卑不亢

小诗读起来禅意十足，个中艰辛，恐怕只有她自己才能懂得。

加缪说："活着，带着世界赋予我们的破裂去生活，去用残损的手掌抚平彼此的创痕，固执地迎向幸福。因为没有一种命运是对人的惩罚，而只要竭尽全力去穷尽，就应该是幸福的。"

没有一朵花儿，会被太阳遗忘。

04

布丁的老公和婚外的女人随着激情的消去，一对比，发现自己捡了芝麻丢了西瓜，于是负荆请罪回头找她复婚。

她没有立即答应，而是考察了很长时间，看他是否真诚回心转意。

精诚所至，金石为开。终于，两人重新走到了一起。

复婚后，他们生了二孩。再后来，布丁创办了自己的珠宝品牌。平时忙里偷闲，有空就去做义工。

而今她又圆了儿时的梦想，开了一间唯美的书吧，不为赢利。我看到她为很多公益活动免费提供场地，并且时不时请一些专家过来公益讲座。言笑晏晏，面如春风，打心里为她高兴。

她活成自己想要的模样，在她身上，我看到了一个精神独立、内心强大的女人，原来可以这么美。

扪心自问，我们有多少女人，只为男人而活着，或者只是活在朋友圈里，把自己的喜怒哀乐都交于男人，把一切当成表演。

这人生格局，得有多小啊。

05

如果把朋友圈比作一个秀场，我们每个人都是出色的演员，这个比喻恰如其分。

你在朋友圈里看到的我，总是打了鸡血一般，满满的正能量。在许多人眼里，我竟成了励志的典范。揭开那层面纱，真相果真如此吗？未必。

我和大多数人一样，自己习惯粉饰和美化自己，是"聪明"的伪装者其中的一员。

在过去的这两年，生意老样子。可商场如战场，瞬息万变。逆水行舟，不进即退。你停滞不前，别人快马加鞭，优胜劣汰，将被取代。

我总在找借口，说什么全球经济不景气。事实上就是懒，不肯去创新，不肯下功夫。

说起写公众号，别人一天一篇原创。我一周两篇，量上不足，质上也不见长进。习惯把"不求上进"粉饰成"与世无争"，躺在安逸区，不肯出来。

哲学上有一句话说：平庸注定是大多数。深以为然。我就是一个活生生的例子啊！看布丁的生活，我被打脸了。你呢？

如何让生活充实又有意义呢？该好好梳理一下了。

06

无疑，我们生活在一个人人至上的时代，很多人都想活成自己想要的模样。区别在于，一部分人有一点点改变，就想展示给他人看，以证明自己的独立且个性的姿态。谁没有改变？谁不是时刻处在变化之中？

展示给他人看的过程，其实是不想被别人遗忘，从本质上来看，还是活给他人来看。只不过，我们把自己的表演信以为真，以为这就是真实的生活。

而一部分人，从不在意他人说什么，专注于自己的事情。他人知晓还是遗忘，与自己无关。演员是什么，是在外表演时，认真表演好角色。等退下来，洗干净涂抹在脸上的油彩，还是本色。

在秀场里表演，并不是什么罪不可赦的事情。然而，把表演当成生活的全部，把他人对自己的感受当作生活的目的，是笨拙而低级的状态。

不在意他人的评价，用事业、头脑，还有内心的丰盈来构造生活，才是真正的充实。这样的充实，不是给别人看的，是自我的觉醒与感悟。

走出舒适区，走出表演场，还自己一个自由的灵魂。

在别人看不见的地方，扬起嘴角那一抹盈盈浅浅的笑。

幸好，生活还有诗和远方

闺密芳在午夜时分发微信来：亲爱的，我们春节去旅行吧。

我问选好地方没。

她马上发来某旅行社的路线。我一看是长江三峡的，坐船饱览三峡绮丽风光，心里顿生欢喜！

是啊，时间飞逝，这一年即将过去，早出晚归，忙忙碌碌，不曾停歇。的确该找个地方游玩放松一下了。

有时候，我会想，人为什么要活得那么累？究其原因，我们大多都在打着追求梦想的幌子，实际上却在追逐名利。

处在这个飞速发展的时代，大家都铆足了劲前行，生怕落在人后。被生活的皮鞭不停抽打，陀螺一样旋转，根本停不下来。

回想起孩童时代，我们谁不是一张洁白无瑕的白纸。到最后，都被现实涂抹得面目模糊，面容狰狞。

小时候，家里条件不好，一个月能吃上一顿红烧肉，过年时有一两件新衣裳可穿，逢上哪户人家生娃或是结婚摆酒吃上几颗糖果，都足以让我雀跃。

没有手机，没有互联网，我们的世界很小，小的只剩下村庄、集镇、学校、三五个玩伴，生活无拘无束，简简单单，却是幸福满满。

而今，一机在手，世界尽在掌控之中，朋友圈看起来一团和气，实则都在暗自较劲。攀比心理，人皆有之，尤其是女人，你在异国他乡欢歌笑语，她还在加班加点累成狗。心理如何平衡？只得拼命向前，为世俗意义的成功，继续拼搏。

商业圈的不少同行，把家都搬到了工作的地方。有时深夜两三点，才忙完离开。

钱是挣得比一般人多。每个人的追求不同，我无意去否定别人的生活方式。俗话说，萝卜白菜，各有所爱。可是，我总觉得这样的生活缺了点什么，终不是我想要的。

生而为人，短短几十载，是否应当让人生多一些体验，更加丰富一点？

每隔几个月，我总会邀三五个好友国内国外走走，开阔眼界的同时，放松身心。

远方和诗，是疲惫生活中的英雄梦想，使我对生活多了一份希冀和憧憬。

在日本，我看到了，人身上有一种宝贵的修养，便是自律；在柬埔寨，目睹当地的贫穷，使我对自己所拥有的一切，心怀感恩；在泰国，寺庙到处都是，人们宁愿节衣缩食，也要坚持自己的信仰。在呼伦贝尔大草原，在华山之巅，在西北的茫茫戈壁，我感知到自己的渺小和微不足道，不由自主收起曾经那颗狂妄傲慢和不可一世的心。

......

每次出行，都给我带来不同的人生体验。

人生没有标准模板，活成马云和王健林那样，是一种成功。活得平凡自足，也并非一无是处。

当我们可以稍稍放下，不为世俗的"成功"而活，你会发现，世界很奇妙，人生可以很丰富多彩。

其实，所谓的远方和诗，并非一定要去远方，才能寻找。心中有诗意，处处皆风景。

如果你也关注了"和菜头"的公众号，你会发现，他拍天空的图片多过于文章的数量，仔细一看，每一张图片上的云彩都不同。

也许对于订阅者来说，未免千篇一律，但对于他来说却是兴趣盎然乐此不疲。

我自己也是个摄影狂，对大自然的一花一草，都情有独钟，感动于每一朵花开，每一片叶子的凋零。在我的朋友圈里，有成千上万张风景图片，琳琅满目，千姿百态。

当一天工作下来，疲惫了，我会翻来看看，会心一笑，一切都很值得。

佛家有这么一说：浮生皆苦，万相本无。

人从出生开始就要经受苦难，在红尘摸爬滚打，经历悲欢离合，喜怒哀乐，爱憎痴，到头来才发现一切不过是虚幻，一切有为法，如梦幻泡影。

苦中作乐，何其重要！

在无尽的时间和无垠的空间面前，我们渺小得不值一提。然而，正因为有了灵魂，才有了存在的意义。在尘世里，哪怕再卑微，也应该开出一朵花。这朵花，不是用名利来堆砌，而是用灵魂和诗意来浇灌。

一切喜怒哀乐，一切爱恨离愁，都是修行与体验。在这个过程中，只求不要迷失，守住内心，以高于物质的精神与灵魂。

幸而，还有诗和远方，可以慰风尘。

多少感情，死在走得太近

01

十二年前，父母因为要帮我和弟弟照顾孩子，于是一家人都迁来了广州。前几日是父亲六十大寿，我提议隆重办一下，却遭到父母反对，父母向来节俭，怕花我们太多钱。但我们执意要庆祝，他们也拗不过。老两口表面看似不悦，其实心里高兴。一切准备就绪，唯一的顾虑是，老家隔着广州千里，父母担心个别曾经有过罅隙的亲友不会过来。的确，这来回折腾，车马劳顿，不容易。

事情出乎所料。提前两天电话通知后，家乡的亲朋好友无一例外都赶来了，有些还拖老带小，大包小包地提着，让我们深为感动。

使我想起，民间那句老话："三年见一见，杀鸡又下面，一日见三见，口水喷上面。"

原先在老家，亲友都住得近，妯娌邻里之间总会有些小摩擦。

如今，隔着时间和空间的距离，没了隔阂，感情反而更甚从前。

02

小时候，奶奶给我讲过一个故事，印象很深。

那是七十年代末，田地刚分到各家各户。那个贫瘠的年代，粮食就是生命。有一年春天插秧，父亲和叔叔投机取巧，插秧的时候，秧苗与秧苗之间的距离隔着老远，中间能放一个斗笠，被发现时，二亩的水田已经插完。奶奶气急败坏，声如洪钟，破口大骂。

待到夏天收割的时候，竟意外发现，亩产量比往年高出近二百斤，因"祸"得福了，奶奶转怒为喜。后来全村十几户人家，纷纷效仿我家的做法。

秧苗与秧苗之间的空间，我们不妨把这个刚刚好的距离称之为"有氧距离"。

推而广之，无论是动植物还是人之间，其实都一样，只有保持"有氧距离"，赖以生存的阳光、空气、水充足的情况下，才能各自茁壮成长。

03

女友冬冬和我一样，同是做鞋人。前段时间，她认识了一个做贸易的大客户刘总，年龄与女友的父亲差不多。他们之间在生意上的配合非常默契。刘总十分欣赏女友的为人处事，以及聪明才智。实力雄厚家财万贯的他只有两个儿子，没有生到女儿，心中一直留有遗憾。于是三番五次，郑重地提出要认女友做干女儿。女友跑来问我要不要答应，我当然知道她不是一个爱攀高枝、占人便宜的人。但作为旁观者，我不好发表意见，就让她自己看着办。

昨天夜晚，皓月当空，女友找我散步。闲聊时，她说到刘总，盛情难却，这个干爹已经认了。干爹人特别好，三天两头叫她和丈夫过去吃饭，还不停地往她家里送东西。中国人一向讲究礼尚往来。于是，你来我往，好不热闹。女友原先计划春节和我一起去长江三峡游玩，现在也只能取消，改陪干爹过春节。我有些傻眼，倒不是因为不能同游的事情，只是觉得人与人之间，如水之交，方能长久。可以亲密，不能无间。

古人崇尚"君子之交淡如水"，需要的时候，随时在侧，出手相助。不需要的时候，则适时隐形，宠辱不惊，不卑不亢，有理有节。

保持适当的距离，彼此能自由呼吸却又不会相隔太远，这种状态最让人舒服！

04

"有氧距离"适合任何一种关系，包括婆媳关系、朋友关系、情侣关系，甚至是亲属关系。

外交上有个策略叫作远交近攻。联络距离远的国家，进攻邻近的国家。这是战国时候，秦国采取近攻三晋（魏、赵、韩）远交齐、楚的外交策略。多年以后，被后人留下来，延伸为待人处世的一种手段。

人与人之间，心是近的，即使隔着遥远的距离，也会心心相通。靠得太近，不分彼此，时间久了，磕磕碰碰在所难免。摩擦多了，感情也就淡了。

张小娴说过一句话："世上最凄绝的距离是两个人本来距离很远，互不相识，忽然有一天，他们相识、相爱，距离变得很近。然后有一天，不再相爱了，本来很近的两个人，变得很远，甚至比以前更远。"

把婆婆当亲妈，说话不用脑子，口无遮拦，无界限感，婆媳矛盾就来了；朋友之间，招之即来挥之即去，金钱方面零分寸，时间久了，友情没了；情侣之间，天天黏着，互相查看手机，不留余地与空间，久而久之，劳燕分飞；亲戚之间，逢年过节聚聚，其乐融融，天天面对面，难免生厌。

想要维持一段美好的感情，保持合适的距离，必不可少。留出距离，意味着给自己和对方留出独立的空间。

每个人都有自己的私密领地，那是谁都不可以侵犯的，谁都想保证自己的安全而不受侵扰。

侵入别人的私人空间，其实就是一种冒犯。

05

即使是再好的关系，即使两人的灵魂高度契合，那也并不代表需要放弃自己的领地，完全敞开给他人看。

这世上并没有无论什么事情都可以互相理解的两个人，差异的存在是必然的，当你一句无心的话或者自己认为是好心的话，也极有可能给别人带来伤害。

心贴心，带来的有时不是互相取暖，而是互相伤害。

多少婆媳撕破脸皮老死不相往来，多少好朋友分道扬镳，多少情人沦为仇人，多少夫妻成了最熟悉的陌生人。

走得太近，是抹杀一切感情的首要元凶。

亲爱的，即使再喜欢，也请保持适当的距离吧。给自己和别人一个安全的空间，给双方一个喘息的机会，那才是自由自在的亲密关系。

一封写给闺密的情书

01

据报道，晚上将出现21世纪以来最接近地球的满月。果不其然，夜里八时，我抬头一看，欣喜地发现，一轮明月当空，又大又圆，宛如璀璨的夜明珠，光芒绽放。

我怀着满心的欢喜发微信给闺密F。

"亲爱的，今晚的月色很美，下来一起散步。"

闺密发来心碎和痛哭的表情包。我有一种不好的预感。

"怎么了？"我急忙问。

"我爸走了。"闺密回复。

"什么时候的事情？"我鼻子一酸，眼泪就要掉下来，心情一下子跌落谷底，月亮瞬间失了光华。

"11号走的。"

"明天我回你老家，送伯父最后一程。"

"你有心了。早两天已经出殡了。"闺密说。

"你现在在哪儿，我过去陪你。"

"过几天吧，我心情不太好，谢谢了。"闺密在字末发了一个拥抱的表情。

我和闺密F十几年的感情，虽然不是亲姐妹，却是胜似亲人。去过她老家几次，闺密父亲是个勤恳廉洁深得民心的村干部，话不多，烧得一手好菜。他做的客家豆腐和红烧土猪肉，味道一绝，每每回想起来，我都口水直流。

三个月前，年过花甲的伯父，在检查身体时，发现得了淋巴癌，并且到了晚期，全身扩散。我们原以为老人家至少还能有半年的时间，哪知道才三个月便撒手人寰。

听到这个消息，我悲伤得不能自已！

去年网络上有篇爆文的标题叫作《这个世界上根本就没有感同身受》，我不敢苟同。如果对方是你最在意的人，怎么就不会感同身受呢？

我理解闺密的用心良苦，她怕我伤心难过，所以在她爸爸离开的时候，第一时间选择了对我闭口不言。

02

我的好朋友周周曾经说过一句话：好朋友之间，如果只能分享快乐，而不能分担痛苦和悲伤，那便不是真正的好朋友。

深以为然！

我们为什么需要闺密？不就是：在成功的时候，真诚地为你鼓掌；悲伤的时候，能替你分担一些；情迷意乱的时候，为你指点迷津；失意的时候，有一个可以依偎的肩膀吗？

男人需要好兄弟。

女人需要好闺密。

这个世界很复杂，很多时候，我们不得不学着圆滑一点，如果你口无遮拦，别人会把你当傻子。

只有闺密，才会心甘情愿做你的树洞和垃圾桶。

你的小心眼，你的坏脾气，在她面前，完全不必藏着掖着，你只管做最真实的自己。

有一次，我在一篇文章里，提到自己有个闺密群，喜怒哀乐，大家都会分享。一个微友看了文章之后，很是羡慕，当即发来信息给我。

"亲，拉我进你的闺密群，好吗？我也想在脆弱时有人一起聊聊天。"

"这个，似乎不太合适吧！"我委婉地回绝了她。

然后，这个微友告诉了我她的人生经历。无法选择的出身，深知自己无依无靠，必须拼命努力。有志者事竟成，在她二十几岁的时候，就创建了自己的服装品牌，年收入百万。可是，在夜深人静的时候，她时常感到孤独。

她最后发出感慨：一个人事业即使再成功，没有闺密的话，终究不完美！

03

什么样的人，才能称之为闺密？没有经过时间的检验和共同经历过一些事情，是无法称之为闺密的。

我和F住在同一个小区。初识时，她还只是个办公室的职员，替人打工，月收入三千。而我，早已拥有了自己的工作室。我们之间的收入差距，可谓是云泥之别。

但是，这一点也不影响我们之间的交往。闺密在生活品质这块，一向要求很高。在能够承受的范围内，享用最好的。

我们常常一起逛街、吃饭、喝咖啡，我抢着买单的时候，她会非常生气。见她如此执拗，我也很生气："好朋友之间，干吗非得分这么清楚。"

她振振有词："亲兄弟，还要明算账呢。"

她把友谊看得比金钱更重，我了解她的个性。在以后长达十几年的交往中，我们互相尊重，礼尚往来。

事实证明，她的做法是正确的。

我见过太多，原本是很好的朋友，因为金钱方面的尺度把握不好，而最后分道扬镳，老死不相往来的例子。

《奇葩说》有一期节目是讨论：闺密找你撕小三，你要不要去？

从理智上来说，当然是劝说闺密，都不要去，这事太跌份。

但是，人之所以区别于动物，皆因人是讲究感情的动物，尤其是女人。看着闺密被人欺负，悲痛欲绝。这时候，你劝她，她能听得进去吗？还犹豫什么呢？坐视不理，袖手旁观，哪能算是闺密。

当仁不让，责无旁贷，义不容辞，赴汤蹈火，该出手时就出手，这才是闺密存在的意义！

04

女人为什么需要闺密？

因为，有些话，我们无法对老公说；有些心事，我们也无法对父母言表。很多时候，我们都是面带笑容的孤独行者。

我们想强大到可以承受一切的孤寂与落寞，可往往都是在深夜里一个人流泪。

好闺密，就是那个在夜里一起与你化解痛苦的人，她也是那个与你一起分享心事的人。

多种情感并存在我们身上，我们离开情感的滋润与感染，几乎无法生活。很难想象一个没有情感需求的人将如何面对这个世界。

与好闺密的情感，是支撑我们情感世界的柱石，它将与爱情亲情一起，构筑起丰富的情感天空。

一生中，我们会遇到许许多多的朋友。有些，驻留片刻便离去了；有些，缘分散尽也就再也找寻不到；还有一些，会和你形成互相依仗的臂膀。

漫长的人生路上，我们至少需要一两个好闺密，来对抗孤独，对抗这个冷漠的世界。

而真正的好闺密，不只是能够分享快乐，更是能一起承受生命的苦痛和人生的风雨飘摇。

朋友越来越多，好朋友越来越少

01

我被好朋友A屏蔽了！

昨天无意中发现这件事，当时，心里"咯噔"了一下，神情十分沮丧。

和A因为文字而相识，我们经常一起探讨欧洲的文学名著。在性情方面，也是十分吻合，都属于正能量的人，平日里大大咧咧看起来没心没肺，因此从一开始遇见就觉得十分投缘。

回想起自己在前一天晚上，还和A掏心窝说心里话，没想到次日早晨就被屏蔽了朋友圈，顿时傻眼了。

我倒不是因为看不到对方朋友圈的生活动态而悲伤，更没有偷窥别人隐私的习惯，只是不明白，A的此举用意何在？

让人纳闷的是，我们认识有好长一段时间了，为何突然之间想起来屏蔽我？我百思不得其解。

02

我是那种藏不住心事的人，下午在读者群聊起这事。

小石头说："不理会，不计较。"

压力锅说："为什么要介意这事呢？毕竟朋友圈是属于她自己的隐私，不让看就不看。"

"如果只是普通朋友，也就算了，但她是能一起谈梦想的人，知己、知己、知己，重要的话说三遍。"我有些着急。

豆豆："她屏蔽了你，你删除她。"

"以牙还牙，倒是痛快，但这么做，和对方的手法并无二致。你们被朋友屏蔽过吗？"我问道。

琴琴回忆起往事："和他谈了三年，后来因为种种原因而分手了。分手后被前男友屏蔽了朋友圈。每次胆战心惊发去消息，好怕哪天会收到'好友验证'的提示。我其实知道他有了新的生活，不想让我看到，但我压根没打算干预啊！"

一萍说："那一年喜欢一个男生，特别特别的喜欢，但没想到被他屏蔽了，直到他把我拉黑了我才有勇气删了他。知道的那一秒真的挺难过，但当我明白他不喜欢我这个事实后，也就真的释怀了。现在回头再看，有的人，真的不值得。"

可可说："刚发现一位曾经走得很近的朋友屏蔽了我，隐隐感觉到了一些不友好的气氛。"

……

原来，很多人都有过类似经历，我也释怀了不少。

真实的生活就是这样，很多时候，我们把别人当朋友，别人未必把我们当朋友。

03

使用微信多年，我第一次打开自己的微信:"设置""隐私""不看他(她)的朋友圈"。这功能我还是刚学会，读者教的。我惊奇地发现，里面竟也躺着三十几位，仔细辨认了一下，都是微商。

再打开"不让他(她)看我的朋友圈"，只有零星的几个人，不怀好意的异性，两个同性友人。

用我先生的话说，我是一个"缺心眼"的女人。把自己的私生活赤裸裸地放在大众的眼皮底下，一点防备心都没有。

我一直觉得人与人之间，应该相互信任，坦诚相待，而不是互相猜忌，或者怀有戒备心理。

类似这事，闺密也曾对我说过一句话，不喜欢的人根本没机会出现在我的朋友圈，至于他们怎么想，不关我的事。

我欣赏她这种爱憎分明洒脱不羁的个性。但自古，江山易改秉性难移，我依然我行我素。

04

"团结""友好""合作""互信"。儒家教育从小这么教导我们。

是的，最初，我们总是敞开胸怀，信任每一个人。即使对方是一座冰山，我也能用我的热情去融化他。

曾经一度天真地以为，真心定能换得真心。

其实不然，到最后，我发现并不是每个人都能成为知己，值得我们掏心掏肺地去对待。

回想起那些年，我干过不少傻事，为讨别人的欢心，一味地迎合他人，宁可委屈自己。可别人并没有因此而感激我，把我当成好朋友来真心对待。

有一年看《左耳》，里面有句话：为了讨人喜欢去做一些无谓的努力，只会更让人瞧不起！

顿时感觉被打脸。

05

同学里面，有一个男生，我印象特别深刻，因为他走到哪里，都能呼朋唤友，看起来威风无比，神气活现。

那些年，他财运亨通，朋友有难，只要开口，三万五万，都不带还的。

前几年，突然他就没落了，生意倒了，还欠下不少债，从此门前冷落车马稀，真是让人唏嘘感慨。

你在金字塔尖时，全世界都是你的朋友，每个人对你点头哈腰，称兄道弟。有点事情，只需吭一声，朋友立马赶来，为你保驾护航。当有一天，你走下神坛，一无所有，风光不再，你便成了细菌，让人退避三舍。

时间是检验真假朋友的唯一标准，没有之二。

然后，你悲哀地发现，朋友也会薄情寡义，也会在人前诋毁你、嫉妒你、屏蔽你，甚至利用你的好去欺骗你。

才猛然醒悟，朋友真的不是越多越好！

好朋友，犹如大浪淘沙。

而现实总是泥沙俱下，经过时间的筛选，泥沙被淘汰，金子被留下，留下来的才能被称之为好朋友。

只有这样的朋友，才值得我们交付出真心，余生肝胆相照患难共济，彼此扶持红尘做伴！

06

虚拟是现实的隐喻，虚拟的朋友圈，它出现的情况，都是现实的反映。在现实生活中，他本来就觉得你可有可无，那又何必在意你在网络上的种种状态？屏蔽，一是不愿被打扰，二是你在他的世界里根本不重要。

既然如此，又何必在意？

朋友之间，当一方的灯已灭，自己热情高涨有什么用。

无论是友情，还是爱情，最怕什么？剃头挑子一头热。

既然留不住，那就顺其自然。也无须苛责什么，每个人都有自己的选择。放弃或继续，要看心和感觉，没有了，也就放弃不在意了。

亲爱的，辨识朋友圈里的好友吧，减少一些，认清一些，既提高纯度，还能留一些独立空间，减少不必要的点赞和评论，生活会更轻松。

生活本就是一个去伪存真的过程。除掉虚假的，才能留下真实的！

我想起那首叫《老友记》的歌：真的朋友，一两个就足够，太多也不奢求，能一起分享喜怒哀乐，一起喝杯啤酒……

时光不老，我们不散

昨晚九点半，在楼下花园散步时，走在我前边的是一群朝气蓬勃的中学生，男男女女十几个，有说有笑，追追打打，绽放着青春的活力。

我从他们身边经过时，竟生出几分羡慕之情。

十点，花园里的灯光渐渐暗了下去，这群孩子没有带门卡，男孩帮助女孩，一个推一个翻墙爬了出去，只是一瞬间，一群人像一阵风一样消失不见。

看到这场景，我想起高晓松老师写的那首《同桌的你》："那时候天总是很蓝，日子总过得太慢，你总说毕业遥遥无期，转眼就各奔东西……"

他们离开后，行人无几，花园重归于静寂。我独自慢跑了几圈，满身大汗，气喘吁吁，还真是岁月不饶人。

刚回到家，手机响了几声，打开一看，是初中同学可乐发来的毕业二十周年同学聚会照片，一张张似曾相识的脸庞映入眼帘，一个个熟悉的名字从脑海中接二连三地蹦了出来。

我把照片放大，一一辨认：左上角那个穿着白色上衣，深蓝色牛仔裤，手握话筒的主持人是我的老班长；照片中间穿着大红T恤，绿色短裤的是我学生时代无话不说的闺密；站在她旁边穿着粉色长裙子的女同学我印象最深，长得漂亮，发育得早，备受男生的追捧；右二穿着红衣蓝裙的是班里的学习委员，考上了中专，由于经济原因，而中止了学业，留下遗憾；右上角站着的是可乐，成绩常年垫底，调皮捣蛋那儿都有他的份；队伍的最前排笔直坐着的是当年教我们的老师，当年风华正茂，如今大部分已经垂垂老矣，依然清楚地记得一次语文模拟考试中我作弊，被老师狠狠批评。

我当年暗恋的人，也在其中。隔着冷冰冰的手机屏幕，很想问他一句："你可还记得我，那个常年扎着两条麻花辫，皮肤黝黑，睁着大眼睛的那个自卑姑娘？"

哪个少女不怀春？青春萌动之时，我总是静静地偷瞄坐在后排的你，渴望又害怕和你目光对接，每每不经意撞上，脸上展现朵朵红晕，然后迅速躲开，假装没看见你。

时光一晃而过，直到那年毕业，我在你的留言上写下了最诚挚的离别赠言和祝福："感恩和你相遇在同一个班级，一起度过青春路上最美好的三年，可惜时间太瘦，指缝太宽，转眼就到了离别之际，我祝你前程似锦！也愿多年后的我们，不忘初心，有朝一日，提着美酒再度相见，我们仍旧是好友，珍重！"

花样年纪，各奔东西。时光如水，一别就是二十年。

因为特殊原因，没能参加这次聚会，成了我人生当中的一大憾事。但是，没参加，不代表忘记。

所幸的是，老同学可乐及时把聚会的照片和视频都打包发给了我，虽不在现场，也了解了个大概。组委会的精心策划和别出心裁，把此次聚会搞得非常成功，同学们都流连忘返，老师们喜笑颜开。

发着呆，不知不觉间到了深夜十二点，我独自坐在阳台，吹着初秋的江风，望着对面高楼的阑珊灯火，倒影在珠江，映得满江红。前尘往事，点点滴滴，都在心头，不禁感叹，人生恍如梦一场。

昔日的同窗们，曾经我们亲密无间，无话不谈，友谊纯得像一杯白开水。后来进入社会的大染缸，为理想，各自为战，难免变得世故，八面玲珑。但在同学面前，那份赤子之心，永远不会变。

二十年过去了，我们都已人到中年。中年是沧桑的，奋斗路上，有些人已经秃头，有些人华发早生，有些人中年发福……

我年少时的伙伴，很久不见你们，这么多年，你们过得好吗？我唯愿你们个个都好。

人的一生能有几个二十年？时间就像流星划过天际，少年、青年，过度到了中年，似乎就是一瞬间的事。

据我所知：老班长如今就职于世界五百强，带领着一个团队；当年的闺密如今在一家大型外资厂担任主管，一呼百应；学习委员而今儿女成双家庭美满幸福；早熟的姑娘也已嫁作他人妇，老实本分地过着小日子；调皮鬼的可乐摇身一变成了建筑工地的包工头,一年下来收入也颇丰;我也由当年的自卑女孩变成阳光开朗的新时代女性,所有人都朝着美好方向在发展,前途一片灿烂。

前几年,几个要好的同学私下聚了几回,昏黄的灯光下,吃着家乡的美食,酒过三巡,推杯换盏,回忆过去,展望未来,情到深处,眼眶湿润。

也在去年一位热心同学组建了班级微信群,散落天涯的四十九人,因为微信,又重新聚齐在了一起。因为忙,我很少在群里发言,但一天下来,总会忙里偷闲,去群里看看,默默关注着。

毕业后,大多数时间,昔日的同窗好友基本像平行线,为工作、为家庭、为生活,我们常常焦头烂额,被时代的步伐赶着向前走。偶尔机缘巧合,相聚在一起,吃顿便饭,唠唠嗑,吐槽工作上的不顺,一点不觉得生分尴尬,情谊只增不减,这便是同窗之情。

这些年,我们也结交了不少的新朋友,一句话:结识新朋友,永远不忘老朋友。

人生本是由一场场遇见和别离组成,即使是曾经熟悉的几个人,在不同时刻的每一次重逢都会有不同的心得和感受,让情意更进一步。

时过境迁后的沉淀,使得我们以往的那份至纯至真的挚爱情愫,深深烙在我们的心底,在各自为战的一生奔波中,我们妥帖安放。时间愈久,那份纯真会更美好!无论昔日的同窗还是好友，因为种种原因，虽不能时常联系，但我一直默默关注着。

　　并非时常相聚才能维系感情。有些人，有些事，在时光的冲刷下，没有黯淡，反而愈加清晰。我们要的，不是今天谁能给谁提供多少帮助。细数走过的日子，频频回首，我们发现，也只有那些岁月，有着毫无功利的单纯的美好。入世越深，越觉得它们可贵，也越来越觉得要好好珍惜。美好的情感，不会因时间、空间而阻隔，只会让它更加细密厚实。

　　在面对着人情冷暖、种种险恶时，也正是它们，让我们明白，世间终有美好，终有不设防的心。它也让我们知道，在历经摧残的岁月里，始终相信真实与善意的存在。

　　各自安好，时光不老，我们不散。好吗？

我们是如何"杀"死好朋友的?

　　也许,我们都曾被好朋友"杀"死。对于"杀"死过自己的人,我想,你和我或许都一样,一辈子难以忘怀,入骨入心。我们如此痛恨被人辜负,却又不自觉地"杀"死他人。

01

　　蓝欣是一家女装品牌店的销售经理,我喜欢她店里的衣服,不仅面料好,质地柔软,并且做工精细。

　　这几年我常常去她店里买衣服,她眼光好、品位高,能在服装选择及搭配上给我一些独特的建议,在她的指点下,我的衣品也上了几个台阶。一来二去,我和她也就成了要好的朋友,互加了微信后,她知道我在写情感文。前些天,她突然约我喝酒。她平时可是滴酒不沾,指定有事。果不其然,三杯红酒下肚,她带着哭腔红着眼望着我:"简,我做错事了。"

　　"宝贝,怎么了?"我急切地问。

　　"我……不知道该怎么说。"蓝欣有点语无伦次。

　　"别吞吞吐吐,痛快点。"

"睡了不该睡的人,我该怎么办?"她像个犯错误的孩子。

"你疯了吧!"我面带怒色。

蓝欣断断续续说了一个半钟,我弄明白了,她因为睡了闺密的老公,良心备受谴责,精神备受折磨,痛不欲生。

事情经过是这样:偶然一次,蓝欣的闺密Tina来她店里选购衣服,同行的有她老公。蓝欣和Tina老公,就此相识,彼此眉来眼去一段时间后,顺利走到一起。

蓝欣看上去蛮幸福,老公是个老实人,单位上班族,相对木讷寡言。卖服装的蓝欣新潮时尚,八面玲珑,口吐莲花。前年两人生了一对双胞胎女儿,小日子风平浪静。蓝欣平时上班,就由婆婆照看两个宝贝,物质生活虽然算不上十分富裕,却也比下有余。

平静之下,暗流汹涌。

两人共同语言越来越少,就像一颗炸弹,不定什么火花,就能将它爆裂。

Tina和蓝欣的丈夫,如今还蒙在鼓里,但蓝欣觉得她再无颜见闺密,心里对自己的丈夫亦是愧疚万分。

一个人可以欺骗别人,却欺骗不了自己的良心。

昔日的好闺密,从此变路人甲。

蓝欣亲手"杀"死了她的好闺密。

02

说起"杀"死好朋友这件事,我把自己小半生的历程在脑海里过了一遍。很难过很自责,我也曾辜负一个很好的朋友阿枚。

十年前的一天,突然接到阿枚的电话,她说想跟老弟合伙在海南开一家泳装店,打电话来跟我借三五万做本钱。

那时候我刚自己出来创业一年,凭心而论,三五万是可以拿得出来的。鬼使神差的我谎称资金要周转,只能先拿出一两万来。

多年在商场的浸淫,重财轻义的陋习,不自觉地染上了。凡事先在心中权衡利弊:和她都好几年没有联系了,如今又隔着千里的空间距离,万一她生意失败没钱还,岂不打了水漂。深思熟虑之后,觉得不能多借,最多打个对折。

不知道阿枚是因为钱没凑够,还是突然改变了主意,抑或是对我这个朋友感到失望透顶,最后一两万也没从我这儿拿。

这十年来,她像从地球蒸发了一样,杳无音讯。这件事成了我心头迈不过去的坎,自责、懊悔、羞愧,我瞧不起曾经如此忘恩负义的自己。

想当年,阿枚待我亲如姐妹。那时候我们同在一个台资企业上班,我是前台文秘,她是采购。我刚进这家企业时,人生地不熟,被大伙孤立,形单影只,只有阿枚对我关怀备至,无论是在生活还是工作上。她虽是只年长我几岁，却见多识广，在她的引导下，我很快融入新的环境。

生女儿时，她请假来医院看我，为孩子买衣帽玩具；节假日她提着自己从菜市场采购的肉菜过来，亲自下厨；第一次开店，我借了她五千，钱看似不多，可那是她多年攒下的积蓄，她几乎毫不犹豫地就借给了我。

而我却伤了她的心，我"杀"死了自己曾经最好的朋友。这十年来在心里诅咒自己，不止千遍。

茫茫人海，再也觅不见她的踪影。别后不知君远近，渐行渐远渐无声。

年轻的时候，我们总不把友谊当回事，弄丢一份，大不了再找。而今，人到中年，才猛然发现一份真正的友情来之不易，可遇不可求。

03

辉仔、枫树、阿沛，多年前是三个非常要好的兄弟，好到可以共饮一杯水，同穿一条裤。

然而，风铃出现后，一切戛然而止。友谊的小船彻底翻了，只因为兄弟仨同时爱上了这个娇小玲珑且聪慧可人的姑娘。

辉仔是个粗人，肌肉发达，没读过什么书；枫树英俊且才华横溢，胆小腼腆；阿沛帅气桀骜带点叛逆，胆子倍儿大。

相比而言，枫树最有优势。

可是好姑娘偏喜欢"坏"男孩。

一个早春的傍晚，夕阳染红了大地，风铃的初吻被阿沛霸道地夺取之后，跟着动了春心。两人不久便公开关系。辉仔再也没有搭理过阿沛，偶尔见到，怒目相向，充满杀气。枫树选择逃避，一气之下去了外地，几年消息全无。

三个好兄弟因为一个女孩，从此反目成仇，天涯陌路。

多年之后，阿沛和风铃分手了，闹得沸沸扬扬，原因是风铃的父母死活不同意这桩婚事。

前两年，三个当年的好兄弟，再度相逢，一笑泯恩仇。虽然像从前一样坐在一起吃茶聊天，说说笑笑，彼此都努力试图挽回当初的友情，却发现再也找不到当年的默契。

友谊的小船一旦打翻，就再也不是当年那般模样了。

04

人类似乎都有一种通病：只有失去了，才真正意识到它的价值。又试图去拼命挽回，然而还能挽回吗？即使侥幸挽回，还是当初的感觉吗？

永远记住：即使再喜欢，也不夺人所爱，那比杀了好朋友更凶残。用金钱去丈量友情，玷污了友谊。莎士比亚有句话："有很多良友，胜于有很多财富。"兄弟如手足，不只是一句说说而已的空话。为兄弟可以两肋插刀，而为女人插兄弟两刀，不道德。

带着那份深深的遗憾与自责。这些年，每当结交一个好朋友，我再不是从前那个自私只知道索取而不懂付出的人，而是主动去付出、去包容、去理解。

都有类似体会，成年后寻求一个朋友，仿佛成了一种奢望。我们找不到学生时代交友时的感觉，因为那时，不看家世不看金钱不看利益，也不考虑朋友能给自己带来什么好处，纯粹出自自己的真性情。因情谊建立的友情，经得住风吹雨打。

又是什么让我们成年后难以得到朋友？是因为我们有太多索求，也有太多防备。

无论是小时候的朋友，还是成年后的知己，需要珍惜，用坦诚、豁达与善意维系来之不易的情感。除此之外，更重要的是要保持适当距离。现代人的感情脆弱，现代社会的诱惑太多，不知道什么原因就会摧毁一段友情。

不要试图走进朋友除友情外的其他感情世界。不到万不得已，不要涉及物质。不要走进朋友的私人生活，保持个人的独立。在这种距离下，心怀感恩，并用心珍惜，方可保持一份长久友谊。

如果你也曾"杀"死一两个生命中的好友，那么从现在开始，珍惜尚在身边不离不弃的好朋友。同时，保持距离，给各自一个独立的空间。

朋友圈强大与否，取决于你的实力

读贾平凹的散文《朋友的圈子其实就是你人生的世界》，对于其中的一段感触最深："朋友是磁石吸来的铁片儿，钉子，螺丝帽和小别针，只要愿意，从俗世上的任何尘土里都能吸来。现在，街上的小青年有江湖意气，喜欢把朋友的关系叫'铁哥们'，第一次听到这么说，以为是铁焊了那种牢不可破，但一想，磁石吸的就是关于铁的东西呀。这些东西，有的用力甩甩就掉了，有的怎么也甩不掉，可你没了磁性它们就全没有喽。"

开篇之前，我想先跟大家讲几个故事。

01

我有个朋友洋葱，山东大学毕业，学中文的，在一所高中教语文十来年，科班出身，博览群书，可以称得上是位真正的读书人，教书之余，他喜欢创作一些短篇推理小说。

众所周知，这读书人，都免不了有些清高，不愿降尊纡贵去求人。据他所言，这辈子只干了两件求人的事，其一是当年用了七年时间，把妻子追到手；其二，前些年一直在豆瓣上写小说，因为没什么知名度，关注的人很少，他也不知道自己写得到底如何，于是在网络平台上联系了几个当代有些名气的小说家，想请他们点评一下，怎知没有一个人搭理他。

他觉得很压抑，满腹才华却无人赏识，感叹这世界无情，人心冷漠。

02

女友S的情况和洋葱大同小异，S饱读诗书，写得一手好散文，自己开了个微信公众号，半年关注者才三百号人。于是她想方设法找熟人，终于成功添加了许多公众号主编的微信，于是极力向他们推荐自己的文章，然而并没有什么用，大部分人连看都不会看一眼。平时投出去的稿子，也如同石沉大海音讯全无，这让她十分伤心，一度质疑自己的写作能力。

因为兴趣所在，她并没有放弃。锲而不舍的坚持，日复一日的磨砺，前不久，她的一篇关于教养方面的文章终于火了，以前那些对她置之不理态度冷若冰霜的编辑，纷纷过来，找她授权转载。

03

再说说我自己的经历，十几年前出来自主创业时，能力只够拿一个很小的店面，大概十几平米。我的生意类似于中介，去工厂找样品，然后拿到自己的店面，再展示给世界各国的外国商人，从中赚取差价。

那时候，手头很拮据，盘店铺，几乎花光了所有的积蓄，别说开四个轮子的车，平时连的士都不舍得打，上下班都是骑着自行车，只为省下坐公交的几块钱。和先生一起去工厂采集样品的时候，只能坐摩托车或是走路过去。许多工厂的门卫看我们这样子，都不开门放我们进去。偶尔遇到宽宏大量的，肯放我们进去，老板见到我们也是爱理不理，随便应付一下了事，更别说提供样板了。在他们的潜意识里，认为只有开着好车过去的，才像是正儿八经来谈合作的客户。

好在有几个旧识，在他们的鼎力支持下，生意渐渐发展起来。几年之后，经过不懈努力，加上付款准时，开始有了些知名度，找上门来做生意的厂家络绎不绝，几乎不用自己亲自下去工厂采板，圈子像滚雪球一样随之越滚越大。

04

这个世界从来就很现实，穷人与富人，都市与乡村，上司与下属，知名人士与无名小辈，白天鹅与丑小鸭，他们永远不可能对等，像洋葱那样压抑自己，完全没有必要的。

相对于趾高气昂的人，你再怎么曲意逢迎他，他也不会拿正眼瞧你。奉承、讨好，换来的，不过是他人的不屑一顾，甚至是冷嘲热讽和颐指气使，这样的人他们永远不会因为同情而施舍于你我。

在我们还是籍籍无名，能力有限之时，都不要寄希望于挤进更牛的朋友圈，唯有保存应有实力，才有可能在今后赢得更多平等的机会和他人的尊重。

只有自己强大起来，才能像贾平凹说的那样变成"磁石"一样的存在。朋友之间的交往源于"磁性"，当我们有了磁性，自然而然朋友就被吸引过来了。

现实的社会，从不承认雄心壮志，看的永远只是实力。满腹才华，过人的能力，在现实中体现出来才会让人认可。

一蹴而就者，其兴也勃焉其亡也忽焉，今日耀眼明日黯淡，来去匆匆留不下任何痕迹。所谓退而结网，潜下心，踏踏实实做好自己的事，更重要。一点一滴积累，有强大的基础，方可厚积薄发。

在朋友圈里看到过很多的写手，写过几篇文章后便销声匿迹，也许是坚持不下去了。有人说"你若盛开，蝴蝶自来"，想招蜂引蝶，也得有娇艳如花的资本。实力的取得，不仅仅是付出艰辛，还要忍受更多的嘲讽、白眼，与诸多的不被理解。耐得住寂寞，坚守初衷。不惧怕孤独，让内心强大。实力需要不断克服压力与诱惑，慢慢修炼而成。

朋友圈的强大与否，从来只取决于你我的自身实力。

所以，亲爱的，不要去羡慕别人有着多么强大呼风唤雨的交际圈，与其临渊羡鱼，不如退而结网，更大的朋友圈在等着你。

真正的"年味儿"甜过初恋

昨儿个还跟姐妹们在唠叨，过年意味着又老了一岁。这女人啊，啥都不怕，就怕老。老，意味着青春不再，人老珠黄，残花败柳……年龄，总是女人心头那道过不去的坎。

所以聪明的男人，不要轻易问女人们的年龄，"你多大了?"若是一定要问，不妨这样，"怎么你看起来，永远都是十八呀。"睁着眼说"瞎话"时，记得眼神千万不要闪烁。

调侃完毕，言归正传。

前几天无意间看到韩寒的一篇文章《我生来就是乡下人》。

他在文中写道，"我生来就是一个乡下人，从小在金山长大，一直到初中还是农村户口。这儿是我的故乡，有些地方请我去，有的还说送我别墅，我都不愿意去。"

大受感动之余，深以为然。许多人，一旦成名或是成为富豪，就不愿再承认自己是乡下人，觉得那是件丢脸的事情。

我经常在文章中写自己的故乡，并且把在乡下度过的十几年时光，视为记忆中的璀璨珍宝。

用李商隐的诗句来形容，便是"此情可待成追忆，只是当时已惘然"。故乡，总是在回忆中接近完美。

八零头我出生，那时候，刚刚改革开放，乡下进城务工的人非常少。几乎每家每户都守着自家的一亩三分地风里来雨里去，只为养家糊口，可想而知，条件之艰苦。平日里，大家都是省吃俭用，只有过农历年，才能大手一挥"奢侈"一番。

每年腊月一到，我们这些臭屁娃儿就开始扳着手指倒计时。年的脚步越来越近，心里就越来越激动，现在回想起来，这激动劲儿大约胜过初恋。大概到十五以后，每逢集市，必定跟着父母欢欢喜喜去赶集。

年底的最后几天，集市上总是最拥挤的，人山人海，摩肩接踵，各种吆喝声、买卖声，不绝于耳。湖南老家的冬天，其实有点小冷，但一到集市上，身心瞬间就被融化了。从东街头走到西街头，来来回回得好几趟，亦不觉得累，又是添新衣，又是打年货，又是买对联。偶然遇到几个同学，倍感亲切，互相问候，有时候还会结伴而行，聊个昏天暗地，方才罢休。

好不容易挨到除夕之夜，兴奋得不行，一个晚上翻来覆去睡不着。花生瓜子，糖果，茶水，吃个不停，那时候没有电视，看不了春节联欢晚会，大家伙就围在火炉前听爷爷奶奶讲他们从前的日子，忆苦思甜，感叹时光飞逝，转瞬之间青丝变白发。

大年三十晚上，我们最爱干的事，莫过于放鞭炮了，划一根火柴引燃炮仗后，捂住耳朵，在广场到处乱窜，待噼噼啪啪的响声结束后，留下满地的落红。三五个孩子找来竹竿，弯着腰在一片落红里寻找未点燃的炮仗，偶尔拾到几个，高兴得像捡到宝一样。还有件事儿让我们倍儿开心，那便是三十晚上能从长辈那儿得到压岁钱。让我记忆深刻的还有，这天晚上，不管大人还是孩子，都得洗澡，从头到脚洗，非洗得干干净净不可。家里庭院亦要打扫得一尘不染，寓意无非是：洗霉运，去病灾，除恶鬼，辞旧迎新。

正月初一，有许多禁忌。小孩子们讲话再不能随心所欲口无遮拦了，不吉利的话，一个字儿不准讲，否则的话，就要挨大人们训斥。另外，这一天，房前屋后，哪怕再脏，也不可以打扫。不仅不能扫地，也不能打扫卫生。相传正月初一为扫帚生日，这一天不能动用扫帚，否则会扫走运气，破财，把"扫帚星"引来，从而招致霉运。

初一清晨吃完早饭，便去祖父祖母家，给他们拜年行礼拿红包，3块、5块、10块……能让我们高兴大半天。之后就跟着长辈们浩浩荡荡上山扫墓祭祖。放大捆的炮仗，在坟前磕头，听大人们跟祖先总结去年的成绩，展望未来，同时祈祷在天之灵保佑：小孩聪明健康会念书，大人们平安发大财。末了，在山上折一些树枝带回去，"柴""财"谐音，意味深长。

祭祖结束后，三五成群，带上鞭爆挨家挨户去拜年，孩子们拿着彩色胶袋，收集饼干糖果。大人们见面，先是握手，继而祝福，说得最多的一句话就是恭喜发财。贫瘠的年代，祝愿对方发财，是最得人心的话语。

正月初二开始，走亲访友，按着辈分高低，依次拜访。从外公外婆家，到舅父舅母家，再到大妈小姨家，最后到姑姑姑父家，打牌吃饭，不亦乐乎，感情也因此得到进一步巩固。

　　大概初七初八，亲朋好友也拜访得差不多了，回到村里，暮色四合，总有几个舞狮队来家家户户拜年，锣鼓喧天，狮子上蹿下跳，尾巴此起彼落，这时候"年味儿"被推向了最高潮。

　　人一旦长大，离开故乡，来到城市，从此门户紧闭，不知道楼上楼下所住何人。偶尔在电梯碰见，也只是点头微笑。即便是过年，最多也就道一声"新年快乐"。人与人之间，心与心之间，总感觉多了防备。近在咫尺，隔着天涯，再不能像从前在乡下，掏心掏肺真情流露。

　　城市的"年味儿"是从各大商城打折甩卖中拉开序幕；而乡下的"年味儿"则是从酒肉飘香徐徐开始。

　　那些岁月，让人缅怀。

　　而如今，在钢筋水泥筑建的城市"森林"里，鞭爆声，听不见了。亲朋好友走动，越来越少了，感情越来越淡薄。经济飞速发展，人们再也不愁吃穿。穿新衣，吃大鱼大肉，不再只是过年才能有的好事儿了。过年的味道再不是酒肉飘香的味道了。

　　人越长大越孤单，就越发怀念儿时的味道，感觉只有那才能叫真正的"年味儿"，因为那里面承载着的，是永远挥之不去的美好回忆。是啊，今天也有很多幸福快乐，但相比于童年，却缺少了发自内心的单纯快乐，那里面没有杂质，一切都是干净自然。

我想，"年味儿"的有无，不在于物质条件是否丰盛，在于我们还能否用心体会生活的美好，能否用简单而丰盈的心态来对待家人朋友。

不知道此刻在看文章的你，有无同感？

教·育

寒门难出贵子？几亿中国爸爸被打脸了

01 寒门难出贵子，努力仍有意义

夏日炎炎红似火。

七月，是莘莘学子寒窗苦读十二载，金榜题名之时。

前些天，北京文科状元熊轩昂在被媒体采访时说了一句话："现在的状元，都是家里又好又厉害的这种。"

在网上，顿时掀起滔天巨浪。

阶层固化已成定局？寒门再难出贵子？

不！河北农村男孩庞众望684分被清华录取，就是一个例子。

庞众望家庭生活极度困难，他的母亲因幼年患婴儿瘫常年卧病在床，生活不能自理。其父患精神分裂症，需要家人照料。全家五口人的生活仅靠年过七旬的爷爷奶奶来维持。尽管生活如此艰难，庞众望仍然刻苦学习，成绩一直名列前茅。

《寒门再难出贵子》《阶层上升的通道已经封闭》……网上到处能找到这类的文章，逆袭在这个时代似乎是一件越来越难的事情。

若干年前，出身寒门的人津津乐道的是"我奋斗了十八年，终于可以跟你坐在一起喝咖啡"，变成了现在"我奋斗了十八年，也达不到别人的起点"。

物以稀为贵，正因为逆袭艰难，成功的逆袭者才更显珍贵。

02 没有父亲参与的家庭教育是不完整的

在中国，有一个奇怪的现象：母亲节比父亲节隆重而热烈。因为在孩子的成长和教育的过程中，绝大多数的父亲是缺席的。

一分耕耘，一分收获。

孩子对于母亲的感恩，往往远胜于父亲。

问：一个孩子的成长，如果没有父亲参与，能不能长成参天大树？

答案：能。但极有可能长成歪脖子树。

女友邓姐是一名中学的数学老师，不仅拥有智慧的头脑，还能弹得一手钢琴，可谓才智双全。

邓姐和丈夫结婚八年，育有一女。前些年，两人因性格不和，步伐不一致，最后和平分手。孩子抚养权归了邓姐。她在女儿身上倾注了很多心血，甚至为了她，拒绝身边的追求者，没有再婚。

可十几岁的女儿，最终弃学了，并且放弃社交，整日把自己关在家里，与世隔绝。曾经，她是学霸级，小升初时，名校竞相争抢的对象。

当然，我举的这个例子，可能有些极端，但你纵观身边，不难发现，无数"完整家庭"中，又有几个父亲像个父亲的样子？

更多的父亲不过是甩手掌柜，老子挣钱给你们花，还想怎样？

没有父亲参与，母亲即便再有智慧，再强大，也难保孩子不走极端，别说出贵子，不出事就是好事。

03 父亲的高度，决定孩子飞的高度

论眼界、格局、胸怀，不得不承认，男人较女人更有先天优势。

昨天下午，供应商老周过来我办公室喝茶，于是闲聊了一会儿。他儿子下半年上初三，我女儿今年小升初，话题自然落到升学择校的事情上。

和周生一样，我们都是农村出身，不愿屈服于命运，于是选择自己创业。与众多创业者不同，周生是我见过对孩子教育格外上心的爸爸。

打理一间工厂，事务繁忙不用说，但儿子女儿的教育，他从来不像一般的家长停留在口头，而是落到实处掷地有声。

家长会他总是去得最早的那一个，找班主任打听孩子在校情况，清楚每次考试孩子的排名情况、丢分科目，他会和孩子坐下来一起分析原因。说起择校，他对每一间名校了如指掌。

他说："现在许多家长的口头禅，成绩不重要，孩子快乐更重要，说得好听是尊重孩子，实际上是为自己的懒惰找借口。孩子还小，不懂社会的竞争有多么激烈。作为父母，如果不加以引导，孩子将来要吃大亏。"现在他女儿就读名牌大学，儿子明年初升高，成绩稳定在年级前几名，名校胜利在望。

林徽因出类拔萃，离不开她的父亲林长民栽培，享有美誉"一门三院士，九子皆才俊"的梁启超父子，青史留名的合肥四姐妹，还有享誉世界的宋氏三姐妹……不胜例举，他们都有一个伟大的父亲。

父亲的世界观、人生观和价值观会对孩子一生产生极其深远的影响。从客观上来说：一个有高度的父亲，能决定孩子将来飞多高。

04 一个人真正的成功，是陪伴家人

在这个时代，人们常把财富的多寡视为成功与否的标志。

成功应该是多元化，而非单一指向。培养出优秀的孩子，

有着幸福的家庭，做着自己喜欢的事……这些都是成功。

人最终无一例外，都将走向死亡，在死亡面前，所有的名誉财富，都将变得暗淡无光，毫无意义。

秦代著名的政治家、文学家李斯，在秦始皇死后，与赵高合谋，伪造遗诏，迫令皇长子扶苏自杀，立少子胡亥为二世皇帝。后来为赵高所忌。李斯在临刑前，后悔不迭，悲从中来："真想回到从前，父子俩牵着爱犬，带着猎鹰，出上蔡城东门去追捕狡兔，如今是不可能了！"

追名逐利，到头来搬石头砸自己的脚！

乔布斯的临终遗言提到：他荒废了自己的生命，追求到的钱没什么用，对于他最有意义的还是情感生活。

无论你多有成就，说到底，真正的成功是有时间陪伴家人。

05 寒门难出贵子？几亿中国爸爸被打脸了

网上有句话广为流传，当代的中国女人四不幸：当妈式择偶，保姆式妻子，丧偶式育儿，守寡式婚姻。

同样下班回家，帮孩子洗澡的是妈，辅导孩子功课的是妈，带孩子看病的是妈，照顾老人的是妈，妈妈自己生病了，还要拖着病体给老公孩子做饭。

我们的爸爸们，回到家除了吃饭就是玩游戏，注意力多半在手机上。

软磨硬泡好说歹说全家出去旅行，三五分钟掏一次口袋看手机，孩子不会感受到高质量陪伴。

　　别说寒门不出贵子，有这种爹，孩子想出人头地，难！

　　"高考农村地区越来越难考出来，我是中产家庭孩子，生在北京，在北京这种大城市能享受到的教育资源，决定了我在学习时能走很多捷径，能看到现在很多状元都是家里厉害，又有能力的人，所以有知识不一定改变命运，但是没有知识一定改变不了命运。"但愿熊轩昂的这段话，能打醒千千万万尚在沉睡的爸爸们。

　　孩子的教育，主要分两个方面，家庭教育和学校教育，而家庭教育是基础，是孩子成长的第一步，家庭教育需要全面，这个全面不是说家庭为孩子的学习和特长提供多少帮助，而是父母的共同参与，缺少任何一方，都是不完整的。

　　父亲的责任不只是挣钱，更应该在孩子幼时给予关爱照顾，成长途中予以扶持，帮孩子树立正确的三观，教会他们做人的道理，平时做好表率，而非一味说教。

　　无论是中产还是底层，父亲的性格及处事方式，会给孩子带来深远的影响。在学校中，优质的教育资源很重要，而孩子的心理、信念的形成、不屈的性格，更多应该来自于家庭教育中的父亲，它们更重要。教育从来不是灌输，是潜移默化的影响，这些影响，是父母的一言一行。

　　今天偷的懒，将来都会变成打脸的巴掌。与天下为人父母者共勉。

世界正在惩罚玩手机的人

01

网上有个关于手机的段子："现在的人，到哪儿都手机不离手，公交车上、地铁上、火车上，甚至走路都还要拿着手机看。对于这些人，我只想说：你们都这样，老子怎么偷手机啊。"

搞笑归搞笑，捧腹后，我不由深思。

智能手机的诞生，微信的普及，确实给我们的生活带来巨大的便捷，同时也埋下不少健康的隐患。

就拿我自己来说吧，频繁地使用手机，导致身体严重亚健康。

上周五，午饭过后，突然就头晕目眩，头脑一片空白，趴在办公桌上缓不过神，豆大的汗珠淌了下来。我赶紧让公司员工拿来风油精，涂在太阳穴上，而后，又喝了杯糖水，才逐渐恢复，仿佛在鬼门关走了一趟。

去医院拍片，结果显示：颈椎上段有一节呈反弓状态。医生问："平时过度使用手机、电脑，对吧？"

我不好意思地点了点头。

医生继续说："现在很多年轻人，甚至学生，年纪轻轻得颈椎病。你不重视身体，身体迟早惩罚你。不要小看颈椎，它可是人体的十字路口，此处不通，会造成脑袋供血不足，轻者头晕、头痛，重者昏厥猝死。以后多注意一下，配合中医推拿针灸治疗。"

即将走上漫长的中医康复之路，我想想都恐怖。

02

手机本是一种工具，却侵占了我们的生活。君不见，越来越多的人，放弃了真实的社交，整天活在虚拟的世界中。

前阵子，有新闻报道说，南京有多名小学生呼吁父母："爸爸妈妈，请你们放下手机，抱抱我吧。"

我看了一阵脸红。每晚睡前，我都会给四岁的儿子讲绘本故事，这个习惯虽好，但在这个过程中，如果手机信息响起，我便不由自主地拿起来看。

儿子不止一次怒目圆睁警告我说："妈妈，你不要再看手机了！"

近来有篇网络热文《不要在微信里谈恋爱》中写道："越来越多的人只在微信里谈恋爱，见面却反而显得生硬。他们每天在微信上相互问候，说尽甜言蜜语，发送各种亲热的表情，以诉说相思之苦。也在微信上察觉和猜疑对方的心意，回复信息的速度，朋友圈的点赞，千篇一律的细心提醒，凭此来将心交给隔着屏幕的那个人。在一起是在微信上决定的，分手也同样在微信上，两人开始一问一答的对话，再到后来无话可说，最后平淡的再见或是各自拉黑。"

有多少人是通过手机在谈恋爱？正在看文章的你，是否有过这样的举动？

有个朋友的QQ签名，我一直印象很深。他是这样写的：人心对人心，你真我就真。

一个人是否爱你，看眼神才知道。爱一个人，看对方的眼神会不由自主地发光。隔着手机屏幕谈恋爱，看不到对方的表情和眼神，能有多真，可想而知了。

有句话说得好：但凡网恋，见光就死。

真正的爱是靠面对面的感受和日复一日的相处细节而来，冰冷的手机屏给不了。

03

智能手机研发初衷，只是为了方便人们联系和交流。

而现在，越来越多的人对它依赖上瘾，在不知不觉中，它甚至替代了我们的爱人、亲人和朋友，霸占着我们的一切。

据我所知，诗人歌手李健几乎不用智能手机，却和妻子孟小蓓把生活过成了诗。

他们归园田居，淡泊名利。每天吃完饭后，炉上煮茶，香气袅袅，或是写诗，或是作画，或是读书，偶尔浅吟低唱，相视一笑。

那时光，仿佛生活在远古时代，浪漫、自由、随性、快乐。没有手机的干扰，他们活成一对神仙眷侣，让世人羡慕。

可是我们，总是夸大了手机的作用，事实上它并没有像我们想象的那般有用。

04

我从事鞋子出口贸易，接触世界各地的生意人。

一天，南美客人Hassan看到我公司员工在工作之余，埋头玩手机，发出感慨：我们国家现在也是如此，许多人沉迷其中，不可自拔。

他的话使我想起美国有个叫亚当·奥尔特的教授在《不可抗拒》一书中说：自智能手机产生以来，大约一半的人对其上瘾，这个数字还在增加。

他最近调查显示，美国孩子每天在屏幕前花费5到7个小时。

21世纪以来，屏幕之外的玩耍时间下降了20%。有接近50%以上的智能手机用户每天使用手机2到4个小时，其中25%的人盯着手机的时间超过4小时。几乎一半的人说，他们完全忍受不了没有手机的日子。

而在我们中国，这个比例只怕更大。

这导致的结果，肥胖症增加，视力下降，颈椎腰椎受损，更严重的是手机有时会要人的命。这并非骇人听闻，国内发生过多起手机事故。

2015年10月9日，在江苏扬州新建成的万福大桥上发生一起交通事故。一名开奥迪车的中年女子，边开车边用手机拍照，就在走神的一刹那，撞上前面的收割机。由于奥迪车急速变道，行驶在其后的一辆车避让不及，再次与其发生碰撞，事故导致收割机上一人严重受伤。女子不仅要承担巨额赔偿，更重要的是良心的谴责。

2015年12月29日傍晚，28岁的王女士一边玩手机，一边走在浙江温州平阳县鳌江镇厚垟村的河边散步。因为一直在低头看手机，没注意到河沿，一头栽了下去，水花四溅，不识水性的她，挣扎了几下，再也没上来。留下两个未满十岁的孩子，让人唏嘘感慨。

2016年4月20日，一名男子因看手机被夹在上海地铁4号线的屏蔽门与列车门之间，动弹不得。

这是用生命在玩手机。不知，您看了后做何感想？

手机只是工具，它有三大基本功能，一是交流，二是提供碎片化的资讯，三是满足诸如出行、购物、订餐等日常生活需求。在这三种功能中，交流与提供资讯又占了相当大的比例。

就交流来说，有什么能比面对面的交流更容易让人情感贴近呢？手机上的交流，是在一个虚拟的空间中，毕竟无法代替现实。隔着文字与语音，情感碰撞度必然下降。那种朋友间的聚会交流，密集的话语与思维、情感碰撞，手机交流根本达不到。

各种App，给我们提供了海量信息，我们每个人都能在其中找到自己喜欢的内容，而且这些资讯内容不长且直观，甚至直接代替了我们的思考，让我们扫一眼就觉得获取了知识。正是这些资讯，让我们懒于辨别和思考，而且极容易被情绪引导。

真实的生活，需要我们理性的判断，手机资讯恰恰降低了我们的判断力，难以真切地感受周围的世界。

只有放下手机，我们才能感受皓月当空的美感，体会春去秋凉带来的时空苍茫。放下手机走进熙攘的人群，才能看到俗世的喧嚣，感受由此带来的快乐与烦恼。

手机，是我们制造出的工具，却不应该成为绑架我们的恶魔。

毛毛

01

在女儿很小的时候，就有一个愿望，那便是养只漂亮的狗狗。她甚至愿意用自己的零花钱去买，碍于她爸爸的原因，一直未能如愿以偿。

机缘巧合，欣欣的舅妈在网上领回来一只狗狗，拉布拉多母犬。大家给它取了个名字叫毛毛。虽然有一身洁白的毛发，但是身长腿短，常常耷拉着耳朵，又长了个大肚子，并不好看。倒是走起路来一摇一摆，憨态可掬。

对于毛毛的到来，孩子们像迎接亲人一样，表示热烈欢迎。

也许它感受到了主人的重视和喜爱，两天就融入了新的环境。毛毛很聪明，只几天工夫，便学会了自己到厕所方便。

它到来的次日早晨，我买了饺子，原本是给老公带的早餐。远远地瞧见毛毛在花园里低头在草坪上寻寻觅觅，我便大声对它说："毛毛，过来吃东西。"

毛毛看到我的第一眼时，神情是有些警惕的。或许是饿了，或许是被我的笑容温暖，怯怯地向我走来。我把装饺子的袋摊开，放到它的跟前，它便大口大口地吃起来，任由我抚摸着它光洁柔软的毛。

等它吃个精光，我便沿着花园跑步，没想到它摇着尾巴，目送着我走了很远。

它虽不会讲话，但是它会用肢体语言来表达。人却有时候未必懂得感恩。

02

没多久，就过年了。弟媳一家人要回娘家过春节。因为坐高铁，不能携带宠物。我家又有个三岁的宝宝，也不方便领养毛毛。

于是弟媳交待我爸，找户人家把它送了。爸爸一把年纪了，不会照顾毛毛，虽然他很喜欢毛毛，也只能忍痛送人。

找了一周，居然也寻不到人家。有一天，走了很远，发现毛毛跟丢了。找了一圈，无果。爸爸一个人悻悻地回来。

妈妈看着爸爸独自一人回来，苦丧着脸，关切地问："给毛毛找到新的人家了？"

爸爸摇了摇头，告诉妈妈实情。

妈妈叹了口气："可怜的毛毛，也许这就是它的宿命。"

没想到，黄昏时候，毛毛自个儿回来了。

几天后，毛毛还是被送出去了。菜市场一个屠夫收养了它。屠夫每天款待它，给他吃不完的骨头。可毛毛想念主人，经常自己回来。

新的主人一气之下，买了链条，把它锁了起来。

人常常有了新欢，就忘了旧爱。然而，狗不会。你可以囚住我的身体，但锁不住我的心。

03

爸妈买菜经常会经过屠夫的摊子。

每每这时，毛毛便纵身跳起，前脚往我爸妈身上蹭，仿佛久别重逢的亲人。

有一阵子，屠夫生意好心情不错，没有把毛毛锁起来。聪明的毛毛凭借着印象，又跑了回来。每次毛毛回来，他们都会拿出好吃的来招待，他们甚至省下饭钱去面包店买个糕点给它吃。

毛毛在新的东家大鱼大肉，吃香喝辣，活像个公主。

到我爸妈家来，只能粗生陋养，但它并不嫌弃，依然吃得津津有味。

04

上个礼拜天，我带着弟弟一家，以及母亲和孩子们去了附近的一个农庄度假。

回来的时候，我们在一家高档的私房菜馆吃饭，点了烧鸡、鱼。等大家都吃完以后，桌上的饭菜所剩无几。母亲突然叫来服务生，微笑着说："麻烦给我一个袋子。"

老弟目光扫了一下桌面，双目圆睁，大声怒斥："别丢人了。"我在一边补刀："下次再这样，都不敢带你出来吃饭了。"服务生看着面红耳赤的一家人，怔住了。

妈妈满脸通红，不知所措。迫于我们姐弟的"淫威"，妈妈最终没能打成包。

回来的路上，妈妈一直在车里念叨，一再表示婉惜："那些骨头要是打包回来，又能给毛毛吃上两顿了。"

我们为了自己的面子，而置老人家的颜面不顾。

俗话说：子不嫌母丑。有时却并非如此。

高中时，我在县城读书，村里有好几个人一起上学。偶尔我们的父母上县城赶集，来看望我们，顺便送些生活用品。我们一脸的不高兴："谁让你们来的？"接过东西，就让他们赶紧离开，生怕让同学们看见。

父母衣衫褴褛，孩子们面子上挂不住。

05

小时候生活在农村，村里有户人家，三个儿子都考了出去，在城市安家立业。三个儿子却极少回到老家看望父母。母亲去世以后，父亲就常年一个人。老大爷很孤独，就收养了一条流浪狗。狗狗与他相依为命。

有天，老大爷突发心脏病。狗狗在门口汪汪大声叫唤，引来邻居帮忙。大家七手八脚把大爷送到医院抢救，才保住一条命。

出院后老大爷回到家里，对着邻居发出感慨："这生儿子，还不如养条狗。"

要说起来，人确实比狗高级。

我们有思想，同时会读书，有见识，会感悟，但事实上，你不觉得人很多时候只是个道貌岸然的伪君子，还不及一只狗忠诚讲感情。

那只丑陋的毛毛，被主人抛弃，却不计前嫌，时常回来看望。狗在残羹剩饭中尚且能体会到主人的温情和爱，感恩在心，知恩图报。而人，却嫌贫爱富，始乱终弃，冷漠无情。

有时我想，我们是不是丢了一些东西？那些无法用物质来衡量的东西。比如发自内心的感动，比如自然而然的真情流露，还有出自本性的与人为善。因为它们无法带来实际的利益而被我们丢弃一边。

莎士比亚借哈姆雷特的口，说人是宇宙的精华，万物的灵长。人当然要比狗高贵，然而正因为我们丢失了那些无法用金钱衡量的东西，所以恶起来反而比动物有过之而无不及。如果按道家的观点来看，人应该取法自然，自然万物中值得我们反思的地方有很多。

比如说那只狗。

最好的教育，是以身作则

01

腊月二十六，我和女儿唐小姐决定过"两人世界"。

这本是一件稀松平常的事情，但对我们来说并不容易，因为家里有个黏人的小弟弟光头宇。

吃完早餐后，趁光头宇在房间看《熊出没》时，我俩"逃之夭夭"。

到了万达广场，做美甲、吃西餐、购年货。唐小姐虽说只有十二岁，但个头快赶上我了，走出去，人们更愿意相信我们是姐妹俩，为此，我也曾沾沾自喜。

在为挑好的年货结账时，我接到快递小哥的电话，上星期在当当网买的书到了，原以为上班期间会到，未曾想到公司都放假两天了，书才姗姗来迟，真是望眼欲穿，终于等到你。

负二层地下停车场，我启动车子，出发去公司取件。

从广场到公司，十公里路程，约莫二十分钟。

车子内，气氛很安静。

我突然生出一个想法，打开手机上我的公众号"遇见简爱"，点开前几天写的一篇文章《灰姑娘又如何？我偏不认命》，音频传来主播小茉温暖又好听的声音："这是一篇关于简·爱的奋斗史……"

一向好动活泼的唐小姐，竟然屏息凝神在聆听，前后十几分钟的时间里，不曾分心。听完全篇之后，泪流满面，用极其嘶哑的声音对我说："妈妈，你真了不起。"

其实我播放自己的文章给女儿听，是怀有目的的。

唐小姐从小养尊处优，全家人视她如公主，无论是从物质到精神，几乎都是予以她最好的。

我相信，现在我们的绝大多数孩子都像我的女儿一样，没有吃过多少苦，从小生活在蜜罐里，总觉得父母对自己的好都是理所当然的。久而久之，变成不懂感恩的人。

02

"不懂感恩的人，比狼都可怕。"

曾听一位校长说过这句话，现在智商高、情商高的孩子不少，唯独懂感恩的人，越来越少了。

我回想起，这学期在女儿学校开家长会，班主任跟我们家长讲了个真实的故事，一个十一二岁的男孩因为父母没有及时满足自己提出的要求（一台iPad mini），而对生他养他的母亲痛下杀手。

听完之后，教室一片死寂，四十几位家长集体陷入沉思。

如何给孩子树立一个好的榜样？

如何让孩子懂得做一个感恩的人？

想来，没有生下来就坏的孩子。不过是一张张白纸，最后涂抹成怎样，父母是最关键的因素。

孩子们其实并不知道，今日他们所拥有的这一切是如何得来。

但作为父母，我们是不是可以让他们知道这一点：没有耕耘，哪儿来的收获。只有知道来之不易，才会珍惜。

人们对于说教，向来十分反感，包括孩子在内。

那么选择在适当的时机，以适当的方式，教育往往就在这不动声色中达到目的。

03

我向来不喜欢在孩子面前讲大道理，他们也不爱听。更多的时候，愿意以身作则，让孩子在耳濡目染之下，形成正确的三观。

德智体美劳。

相比之下，我更重视德育教育，即所谓的"德高望重"。一个品德低下的人，在俗世红尘中事业或是仕途即使再成功，也是不受人尊敬的。

在我看来，道德最大的体现，一在尊老，二在不欺负弱小。

这些年，两个孩子都是奶奶外公外婆保姆，轮流着在带。

孩子"聪明"得很，看人"欺负"，比如知道外公外婆一向宠溺他们，他们则会在二老面前趾高气扬，颐指气使；对于保姆阿姨，也是吆五喝六，指手画脚。

女儿几岁的时候，我周末带她去公司。公司的员工对她呵护有加，经常给她买东买西，嘘寒问暖，久而久之，她当作理所当然了，偶尔也会使用命令的语气来说话。

在外人面前却能做到有节有礼，可是到了熟人面前就肆无忌惮专横跋扈，为什么？人的天性里都有"欺软怕硬"、"杀熟怕生"的秉性。

每每看到他们有这样的举动时，我必定严惩，一二回之后，孩子便牢记在心了，不敢再造次。

父母榜样很重要，在老人面前和颜悦色，好好说话，尊重老人；在下属那里和蔼可亲，尊重他人，以人为本。

04

可是现在，很多为人父母者，自己不求上进、不懂感恩，不尊老爱幼，却要求孩子样样做好。哪点做得不好，便拳脚相向，这不是一个笑话吗？

孩子是镜子，父母是否从中照见了自己？

说教一千遍，都不如自己以身作则。

所以才会有那句话："听了那么多道理，仍然过不好这一生。"

德国哲学家雅斯贝尔斯说得好："教育意味着，一棵树撼动另一棵树，一朵云推动另一朵云，一颗心灵唤醒另一颗心灵。"

中国古语有云："近朱者赤，近墨者黑。"

父母是孩子的第一任老师，孩子最初的学习是从对父母言行模仿开始的。

父母的行为和思想对孩子有潜移默化的作用，我们的一言一行，甚至生活中的细节，都会对孩子的心理产生不同程度的影响。

良好的习惯直接关乎孩子一生的幸福。而习惯的养成和父母平时的表现有很大的关系，因此，父母以身作则，以实际行动来教育和影响孩子，至关重要！

我们的粗鄙、自私、冷漠、嫉妒，往往会在孩子那里得到无限放大，而且他们也不认为是错的，因为既然父母都那样做了，那就是理所当然。

如果我们待人一贯诚恳，做事严谨，乐观上进，爱好广泛，且有自制力，孩子也会在潜移默化中得以熏陶。

要想孩子拥有好的修为、高的品德、良好的情操，做一个真正意义上的成功者，那么，请首先，从我们自己做起。

与天下为人父母者共勉！

真正的孝顺，是好好说话

01

周日的下午，我带着儿子去游乐场。女儿陪儿子进去游玩的时候，我坐在外面的休闲椅上安静地等候。

这时候旁边一个阿姨主动找我说话："刚才那个个子跟你差不多高的女孩是你的女儿吗？"

我本不爱跟陌生人搭话，但看着眼前这位阿姨一脸的慈祥，就微笑着回答："是啊，十二岁了。"

阿姨用不可置信的眼神看着我："你看起来，完全不像是一位十几岁孩子的妈妈。"

然后，她问了我年龄，我坦诚相告。

"我女儿比你小几岁，但你看起来要年轻许多。"

两个陌生人，就这样打开了话匣子，实际上几乎都是阿姨一个人在滔滔不绝，谈现在，忆往昔峥嵘岁月。

我倒也乐意聆听，反正闲着也是闲着。

02

阿姨嫁到一个重男轻女的封建家庭，连续生了四个女儿后，终于生了一个男孩。

那是八十年代，正是计划生育最严的时候，为此她丢了"铁饭碗"，还被罚了不少的超生费。

值得讴歌的是，这个要强的女人，把五个孩子都送进了大学。阿姨年轻的时候，搞养殖、开厂子。她常对女儿们说的一句话是："姑娘家多读书，不是为了嫁个好男人，而是靠人终不如靠自己。"

我想到自己的一儿一女，家庭和事业都很难平衡，阿姨五个孩子是怎么过来的，心里生出由衷的敬意。

03

游乐场内是她大女儿的儿子，四岁左右，留着Kimi式的娃娃头，萌萌的，煞是好看。

阿姨见外孙过来，立刻从手袋里拿出保温杯、汗巾，给孩子喂水、擦汗。只一会儿，孩子又重新回到游乐场，和其他孩子打成一片，欢笑声不断传来。

阿姨一脸怜爱地望着外孙转身而去。

"他爸爸只是一个高中生，当时我女儿跟他谈朋友的时候，我是不同意的。不要求男方学历比女儿高，最起码也要不相上下才是。我姑娘执拗，不管我们反对，死活要嫁。"

我笑了笑说："年轻人不都这样吗？认定了就嫁，什么门第、年龄、学历，那都不是事儿，爱了就爱了。"

"是啊。不过现在也挺好。我这女婿，也很努力，为了匹配我家姑娘，上夜大，考取文凭，如今在一家银行做高管。夫妻俩很恩爱。"之后阿姨更是开启"秀女婿"的模式。

她女婿经常出差，在外头十分节俭。每逢出差回来，阿姨会变着花样多做几个菜。丈母娘体谅他的不容易，女婿更会做人。吃完后，他总抢着洗碗收拾桌子和厨房，让她带孩子去花园玩耍。但凡女婿在家，这些事都是他包揽了。

她一脸幸福地继续回忆。

有一次，她和女儿逛街，看中一件羽绒服，她蛮喜欢的，但觉得价格小贵，没买。回家后，闲谈时，她女儿把这件事说给了丈夫听，他当即从口袋里掏出两千块钱，同时埋怨妻子不懂事："咱妈五十几岁了，帮我们带孩子，多辛苦，你明天就去给妈买回来。"

"我女婿比女儿大方。"阿姨说着说着，笑成了一朵花。

我们正谈笑风生，一对中年夫妇朝我们走过来，男的递给阿姨一杯热饮："妈，你口渴了吧。给你买了杯蜂蜜柚子茶，你早两天说喉咙不舒服，喝这个好，趁热。"

她连忙起身给我介绍："这是我女儿和女婿。"

阿姨和老伴在老家的镇上都买有养老保险，家里还有两间门面出租，养老绰绰有余。她来广州给他们带孩子，纯粹是因为女婿人好、孝顺，讲话从来都是和颜悦色。她虽然累一点，却心甘情愿。

04

中国数千年的教育，以儒家思想为指导，教导我们百善孝当先。可时下，随着经济浪潮兴起，有些人赚了些钱，便不把父母当长辈，做牛马使，还尖酸刻薄。

身边就有这样一位。A先生，父母背井离乡，千里跑过来帮忙带孙子，做家务。偶尔一天，菜咸了，或是酱油多了，他便马上蹬鼻子上脸，摔碗摔筷子。

但凡孩子有个伤风感冒的，便不管三七二十一，拿父母问罪，自己平时则不闻不问，整个一甩手掌柜。

凡此种种，一点鸡毛蒜皮的小事，他都能掀起一场山呼海啸。一言不合，翻脸不认人。

老人也是有尊严的。一次他母亲再次听到"你给我滚"后，再也无法忍受，一气之下收拾东西回老家。那时正值寒冬腊月，由于事先没有买火车票，老人家独自一人在车站抹泪到天亮。冬天里的风，就像一把锋利的刀，刀刀割在老母亲的身上。

一个人控制情绪的速度，就是他迈向成功的速度，反之，即便暂时成功，也终将失去。

05

父母有事了帮着做，节假日带上礼品去看望，老人病了掏钱去治疗，我们大多数人都能做到，但却很难做到对父母和颜悦色。

事实上，我们的父母，往往在意的不是我们拿了多少礼品，给了多少钱财。更在乎的是儿女的在意和予以他们人格的尊严。

我们大概都得了一种病，一种叫亲疏不分、本末倒置的顽疾。

对于某件事，或者是某种社会现象，父母发表一下自己的看法时，我们喜欢把自己的主观意识强加给他们，似乎只有对着干，才能够显示我们的与时俱进和聪明才智。父母常常被我们"说教"得面红耳赤。这样的场景，我想可能许多人都经历过，又或者是正在进行中。

《论语》中有这样一段话：子夏问孝，子曰："色难。有事，弟子服其劳；有酒食，先生馔，曾是以为孝乎？"

什么是孝，在我看来，好好说话，和颜待亲，才是大孝。

很多老人，在物质上并没有对儿女有过多要求。相对于大部分家庭来说，满足老人的衣食住行，不是什么难事。而不少做子女的，恰恰把这些当成了尽孝的唯一做法。

老人能有什么要求？无所谓你能陪在他身边，听他们说说话，年龄越大，对亲情的依赖就越强。

我们天天忙于工作、应酬，为什么不能拿出点时间，满足父母的精神依赖？即使他们唠叨，即使他们的观点跟不上时代。

可他们终究是生养我们长大的父母啊。

顺着他们的心思和话语，偶尔开个玩笑，让他们的晚年多一点顺心和快乐，也不是件很难的事情。

只是我们少了耐心，或者认为，自己最亲近的人，还用得着这些吗？

不只是亲情，由此而推，还有爱情和友情。

多少感情，在我们的大意中，在认为不值得一提的琐碎中，一点一点地消耗殆尽。

孝顺，其实都是琐碎小事中体现出来的贴心，包括好好听父母说话，包括偶尔下厨房，包括一句话：爸妈，您歇着，我来。

在成绩和快乐之间，妈妈该如何选择？

01

女儿昨天，一反常态，睡觉时战战兢兢把我叫到她的房间，从书包里把语文单元测试的卷子拿给我签名写意见。

"86分？"看到这个分数，我吃了一惊。她爸爸闻声赶来，怒目圆睁，当即呵斥道："马上小升初了，考这么低的分数。干什么去了？"

女儿吓得面如土色，她爸爸的话在我们家一向是权威，小家伙任由眼泪在眶里打滚。眼前的一幕，令我十分自责。

想起前几天晚上去补习中心接女儿的情形，一上车，她就两眼通红，要哭的样子对我说："妈妈，我太累了！"接着，她开始大倒苦水，这个学期每天在学校上八节课，吃晚餐的时间都不够用，便要匆匆坐车赶去补习班再上两节课。一天下来，十节课，筋疲力尽。周末也不能休息，还要补课。

听她说完，我其实也挺心疼的，摸着她的头说："宝贝，再坚持一下，等考上好的中学，就可以放松一下了。寒假，妈妈带你去度假。"女儿这才平息下来。

我说这番话时，其实自己都心虚，小学升初中，初中升高中，高中升大学，这条路还很漫长，根本没法停下来。有多少像我这样的家长，我们都太渴望儿子成龙，女儿成凤。

从小教育告诉我们："只有知识，才能改变命运！""万般皆下品，唯有读书高。"……

诸如此类，不胜枚举。

纵观身边的家长，包括我自己的亲戚朋友，几乎都是这样做的，各种威逼利诱。有些孩子明明天资一般，对读书根本兴趣不大，就算付出十二分的努力，也未必能考出好的成绩来。

他们忽略了，每个人的天赋不一样。不会读书的，会唱歌，长大也能当歌手；不会读书的，会画画，长大也能当画家……生而为人，每个人都有自己潜在的天赋。

鱼儿看见鸟儿在天上飞，很是羡慕。但是有用吗？再怎么努力也没用，它的舞台在海里，而不是在天空。即使最后它用尽全力纵身一跳，也只能是掉在地上，不是干死，就是被摔死。让它做一只鱼，在水里骄傲快乐自由自在地游，多好啊。可我们的家长一心只想让孩子们飞。

雾满拦江老师曾经在一篇文章中，特别讲到了犹太人的教育方式：他们的教育是激励孩子的长处，有长处就尽情地发挥，至于人生的短板……短就短吧，人生的短板无计其数，你根本补不过来，能把一个长板发挥好，就够你玩一辈子的了。

因材施教最重要，但家长就不肯承认自己的孩子不是读书的料。

花血本在外面请老师一对一补课。美其名曰："孩子，你别抱怨读书苦，那是你去看世界的路。"使得我们的孩子从小就如同蜗牛一样背着重重的壳一步一步艰难地爬行，失去了许多童年应有的欢乐。

02

好好读书，成绩好，当然会有更多机会和选择。但上学时成绩不好，是不是就意味着不能成才，不能去看世界了？

未必。

谁说白领的工作，就一定比建筑工人、环卫工人、水果商贩高级很多。衡量这个的标准是什么？出汗的多少？薪水的高低？抑或是体面的程度？

是不是更应该以快乐的多少来衡量呢？

上周末的夜晚，我带着儿子上隔壁小区的沙场游乐园去玩，彼时游乐场正在施工，六个工人在运沙，年龄大概在四五十岁左右，大家有说有笑，其中几个还时不时过来跟我儿子一起荡秋千，几十岁的人，怎么看都快乐得跟个孩子似的。

我问他们是哪里人，在这儿工作开心吗？

他们笑着回答："我们是云南人，大家都是来自一个地方，一起做事蛮开心。"

儿子玩了一个钟头，我和这群建筑工人聊了一个钟头，相谈甚欢，他们阳光、开朗、健谈，完全没有人们想象的那样悲悲戚戚和暗无天日。

相反，那些看似体面，在写字楼工作的白领们，时常抱怨职场总是遭遇钩心斗角、尔虞我诈而郁郁寡欢，惶惶不可终日。

是的，不可否认，读书能带给我们许多好处。读书是通往世界的大门，但绝不是唯一的钥匙。

我们做父母的，向来把子女的成绩看得比任何事都重要。孰不知，比成绩更重要的是一个人的胸怀、意志和品行。

能改变孩子命运的成绩是一个方面，但还有其他因素，比如格局、情商……

格局来源于家庭父母长辈的言传身教，教育是知识层面的，情商则来自经历，于频繁的人际交往中悟到。

我倒不是鼓励孩子们不要读书，毕竟读书好处多，不仅能丰富我们的灵魂，还能开阔我们的视野，陶冶我们的情操，还会让我们拥有更多的选择机会。我想说的是，这世间的万事万物，一个人和每一件事都会放在属于他的正确位置，决定一个人成功的，学习好并不是唯一的因素。

在写这篇文章时，我特别问了我女儿："你觉得成绩重要，还是快乐更重要？"

女儿想了想说："当然是快乐更重要！你想呀，一个人不快乐，学习成绩再好，有什么用，心里长期抑郁，生不如死。"

当然，我们作为家长也不能完全不理会孩子的学习和成绩，毕竟成人都未必做得到自律，更何况孩子。但我们要记得，时常倾听孩子们的心声，不采取过分强迫的态度，同时想办法给予孩子更多的其他体验。

每个人都有自己独一无二的成长轨迹，学习贯穿始终。在此之外，还有更多让生命变得丰富的东西，都来自于自身对周围的体验。

通过它们，如果孩子变得快乐、自信、宽容、坚忍，又能有宽阔的视野和应对挫折的能力，他们想不成功都难。

作为家长，我们快乐一些，放松一些，孩子也会和我们一样，无所畏惧勇敢往前走。

孩子成才的方法很多，看世界的路也多不胜数。是时候放下我们过去的观念，陪着孩子健康快乐充满童趣地成长了。

对不起，我们这里没有WiFi

01

近来肩膀、脖子、眼睛痛得不行。我这明明前脚刚跨入中年，怎么就感觉到了老年，被各种疼痛折磨得生不如死，让人惶恐不安。

昨天是周日，在我的提议下，先生和两个孩子，一家四口出外游玩。顺着广州环城高速，一路向东，车子风驰电掣，世间万物迅速向后倒退。车里的音乐声合着孩子的嬉笑打闹声，此起彼伏。

打开车窗，有花香的味道飘进来。时值九月，微凉。恍惚间，夏天已悄悄溜走。我喜欢秋天，绿树泛黄，落叶凋零，天高云阔，给人一种安静的感觉。

一个小时后，我们到了以金色向日葵为主题的百万葵园。葵园布局十分唯美梦幻，除了各种姹紫嫣红的花之外，里面同时有许多儿童设施。这个周末，游人不多，都是一些年轻的情侣和孩童。

生命本是一场场遇见串连而成。

带着儿子女儿在花海乘坐小火车时，邂逅三个年轻人，一对情侣和一个妹子。看得出来，那对情侣正处在热恋中，不时俯首帖耳，细声交谈，偶尔拥抱亲吻。妹子虽然充当的是"电灯泡"的角色，却全然没有一丝违和感，不时微笑着帮小情侣拍照，偶尔也会三人一起自拍，摆出各种姿势。

更远处，一对新人正在紫色的薰衣草海洋拍摄婚纱照，新娘笑颜如花，新郎全程凝望着新娘，眼中爱意浓浓。

如此诗意画面，让我心变得柔软，恍惚在昨日。

时光回到十五六年前，我和先生也是桃李年华，檑岗公司，千灯湖畔，花前月下卿卿我我，激情澎湃好不浪漫。

转眼已到中年，先生的鬓角已经染了些白霜，我的眼角也多了鱼尾纹。这些年，我们在现实的生活里摸爬滚打，在柴米油盐里日夜浸泡，昔日炽热的爱情早已被平淡如水的亲情所取代。

年轻，真好！我从心里发出感慨。

02

先生陪着两个娃，流连于各种儿童设施。兴起之时，他也参与其中，一米八的大个，像个孩子，我看着他们仨，想起北宋诗人晏殊的《浣溪沙》："满目山河空念远，不如怜取眼前人。"

还有什么比跟自己爱的人一起欢度时光更让人觉得快乐的呢？

中午一点，女儿嚷嚷着饿了，听工作人员说饭店在密林深处，我们从万紫千红的百花丛中出来，移步曲径通幽的茂林，竟然遇到成片的绿柳和翠竹。我欣喜若狂，柳竹之美，与百花不同，它们的美，在骨，为古代的文人雅士所歌颂。让我瞬间有种柳暗花明又一村的豁然开朗，庆幸这趟出来得值。

花之恋酒店，宾客满座。我们要了一个全家套餐：葵花鸡、秋刀鱼、咖喱虾、水煮菜心、水果沙拉。点好菜，习惯性问WiFi，年轻的服务生指着桌上的一块黄色提示牌，上面大大地写着：我们这里没有WiFi，和身边的人说说话吧！

我和先生相视一笑，表示认可。席间，天南海北，娱乐八卦，生活琐事，我们无所不谈，气氛融洽，一派温馨。

这一天，花钱不多，却拾回当初恋爱的感觉。生活，需要仪式感，偶尔浪漫，追忆似水年华。

如果总是一成不变，将如同一潭死水。

宅在家里不出来，只躺在沙发上沉溺在手机里，就不可能收获这份现实的美好。

二十多岁的时候，我们风雨兼程努力打拼，就是为了三十岁后能够随心所欲寻找诗和远方。但凡努力坚持的人，人到中年一般都会小有所成，能够为偶尔的享乐买单。

我的微友周小北说："健硕的身体和丰沛的心灵才是储存财富的粮仓，没有一个人可以无视这两样上苍最宝贵的赠予。"

感受微风的轻拂，体味秋叶的飘零，对生命细微的触觉与感动才是无与伦比的存在之美。

03

据统计，中国人中每天至少一亿人花在QQ、微信、淘宝上的时间不低于五到八个小时，手机早已无情绑架了我们的生活、时间和效率。

我也是一俗人，享受高科技带来便利的同时，也深受其害，这几年被手机成功俘获"芳心"。每隔几分钟，情不自禁地翻看手机，无法专注于一件事情。不瞒大家说，就连我家三岁的小屁孩，手机、iPad一旦没电，也像丢了魂一样，不停地吵闹。

这俨然已经发展成为一个社会现象。带来的后果很严重，干眼症、肥胖症、颈椎、腰椎，抬头都困难。我们都得了一种"手机病"，病得还不轻。

一机在手，确实便利，大千世界都在掌中，足不出户，便可知天下。久而久之，沉迷于虚拟的世界不能自拔，忘了现实的生活，懒得跟身边的人说话，懒得去拥抱大自然。

世界上最遥远的距离，莫过于我们坐在一起，而你却在"刷屏"。

尤其是做公众号这一年来，我似乎已经习惯躺着，几乎没有了运动，身体抵抗能力严重下降，动不动就感冒。

04

前天朋友对我说了一段苦口婆心的话："功名利禄不重

要，身体才最重要。善待你的身体就是孝敬父母和关爱孩子，因为你是他们的依靠。"

我这才意识到这是一件非常危险的事情。

是啊，我已经太久没有陪他们好好说话，带他们郊游，陪父母打打牌了。从前我是一到周末就会放下一切，去陪伴他们，父母老了，多陪一天就是赚了一天，孩子们一天天地在成长，我又怎能如此不负责任？夫妻间的感情也是需要时常交流，不能各自拿着手机刷屏，相对无言。

一个知名作家曾经说过一句话：不会生活，读再多的书都没用；没有爱，走遍世界，也是枉然。

缺哪一样，都不算完美。

那么，亲爱的，让我们放下手机，伸出双手去触摸周围的真实吧。

阳光、微风、斑驳的树影，还有缓缓流淌的溪流，它们真实地存在于我们的身边，但我们却没有用心去感受它们，这是大自然给我们的伟大馈赠。为什么要沉溺于虚幻世界，而不用身体和心灵去感受它们？

拥抱就在你身边的亲人、爱人和朋友吧！我们需要用语言和行动去交流、去维护来之不易的感情。只有在真实的生活中，我们才能感受到平凡的温情。虚幻世界中的东西再美好，也比不过与家人朋友间的一粥一饭，因为他们让我们活得真实。

当你对我说："对不起，我们这里没有WiFi。"

我想对你说："谢谢，是你让我们的心更近了一步！"

孩子，妈妈也需要掌声

01

因为小升初的缘故，征得女儿同意，给她报了8月份暑假特训班。同班孩子的妈妈大部分都是家庭主妇，早晨送，中午接，下午再接，晚上再接，一天来来回回四趟。

我是上班族，因此只能在早上去公司时顺路捎上女儿一段，中午就让她在补习中心叫外卖，傍晚六点自己坐公车回家。女儿起初很不高兴，"凭什么别人都能够享受母亲悉心的呵护，我却不能?"委屈得把小嘴噘得老高。

传统观念告诉我们，一个母亲就该具有女人的一切天性——温良恭俭、长期忍耐、无私忘我、宽宏大量。

纵观身边的母亲们，七八成都是这么做的，有了孩子之后，孩子就是世界的中心。只要孩子好，万般皆可抛。

02

女儿很小的时候，就经常对我说："妈妈，你不要上班了。

你看班上谁谁谁的母亲，都不用上班，每天早中晚都为他们准备丰盛可口的饭菜。晚上陪他们做作业。还有，托管那里的饭菜不好吃，人又太多，吵死了，我不想在那里写作业。"

我告诉孩子，妈妈不应该只是你的妈妈，全方位为你服务，她还应该有她自己的世界，工作、爱好、朋友圈子，小朋友不可以太自私。

完全不工作，一天准备三餐。对不起，孩子，妈妈还真的办不到。但是晚上陪你写写作业，还是可以的。周末休息时，为全家做几顿健康营养的饭菜，陪你们去公园玩耍一下，我必定在所不辞。

03

朋友阿珍是两个孩子的妈妈，望子成龙望女成凤心切。她家里经济条件一般，自己省吃俭用，十年前的旧衣服洗得褪了色，依旧还穿着。从来都是素面朝天，润肤乳都不舍得为自己买一瓶。去菜市场买个菜常为一毛两钱的价格和菜贩争得面红耳赤，全家几乎从来不上饭馆吃饭，却咬牙坚持把两个孩子都送进私立学校，一年下来，仅学费就得十来万。

对于一个工薪家庭来说，你不能不说这母亲真的伟大。

一天晨跑的时候碰见她，我说："孩子不一定非得往贵族学校送。"

她答："我小时候没读过什么书，一直觉得挺遗憾的。所以，不能让我的孩子从一开始就输在起跑线上。辛苦一点，咬咬牙就挺过去了。"

我说："孩子的成绩好与坏并不太重要，天资聪颖努力勤奋比学校更为重要。你这全力栽培孩子心是好的，但也要记得对自己好一点。"

朋友微笑着不说话。

04

阿珍其实就是典型的中国式妈妈缩影。我们都太渴望孩子成功出类拔萃了。

最近看了部电视剧，海清和黄磊主演的《小别离》，讲的就是这个事。

正如同不想当将军的士兵，不是好士兵一样，但不是每个孩子都是当将军的料。不一定非得当将军才快乐。

哲学家斯宾塞说：教育中应该尽量鼓励个人发展的过程。应该引导儿童自己进行探讨，自己去推论。给他们讲的应该尽量少些，引导他们去发现，应该尽量多些。

也就是说，身教更甚言传。

事实上，看到周围不少优秀的孩子，发现一个共同点：他们的妈妈，基本都是独立、自强，富有个性。

母亲优秀，孩子终不会差到哪里去。

05

自从生了老二以后，我的时间更紧张了，但只要好好分配，还是够用，白天工作，周末陪陪孩子，清晨阅读写字，也不耽误。

儿子三岁半，对我的占有欲极强。晚上帮他洗完澡，我跟他说，你跟姐姐一起看会儿动画片，妈妈要下去跑半小时的步。最初他也是不肯的，不停地哭闹。待他情绪稳定后，我试着和他讲道理，几次之后，小家伙倒也变得明事理了。每次我开门出去，他还不忘叮嘱："妈妈，你跑完步，快点回来喔。"

在跑步的半小时里，我一边听书，一边在脑海里把第二天要写的素材提前列好，打好腹稿，次日清晨起来，提笔便写。

龙应台在《孩子，你慢慢来》一文中说："谁能告诉我，做女性和做个人之间怎么平衡？我爱极了做母亲，只要把孩子的头放在我胸口，就能使我觉得幸福。可是我也是个需要极大的内在空间的个人……女性主义者，如果你不曾体验过养的喜悦和痛苦，你究竟能告诉我些什么呢？"

深以为然，于女人而言，教育孩子和放弃自己，丢掉哪一头都不能算是一个优秀的母亲。

一个女人，忙于事业，坚持爱好，不是背弃家庭，而是为了更好地做孩子的榜样。孩子幼时，和母亲相处的时间最多，不可否认，母亲的角色，更胜学校，更胜老师。耳濡目染，教育在不动声色中达到了目的。

06

作为父母，我们都知道孩子的成长，需要鲜花和掌声，但妈妈们就不需要了吗？非也，每个人的生活都需要鲜花与掌声，鲜花代表美好，掌声见证精彩。

当有一天，妈妈们有能力站在高峰，将所有美好尽收眼底，你才能带着孩子，站在群山之巅，领略世界的风采。开阔的眼界和容人的胸襟远比读死书的前途更为辽阔和深邃。

更何况，孩子总会长大，离开父母身边，组建自己的小家庭，为梦想远走高飞。

如果我们从来没为自己而活，没有孩子的日子，将怎么过？

等那一天来临，必定茫然不知所措。如果有工作，有兴趣爱好，那就完全不一样了。孩子不在身边，你依然可以活得精彩，赢得他们的掌声！

身边总有朋友对我说，生意已经够你忙了，还坚持做公号，吃饱了撑的？我笑了笑，不想辩解。

我心里清楚，生意这事风云变幻，形势比人强，谁能保证一世安稳地做下去。明代朱柏庐《治家格言》有言："宜未雨而绸缪；毋临渴而掘井。"未雨绸缪永远不会错。

当然，我做公号初心并不是用以谋生赚钱，文字本是我的爱好，只是把这里当作了停靠的心灵港湾。压根不知道，这玩意，还能顺带赚点零花钱。许多事情就是这样，当你坚持到一定的程度，收获也会光临，权当是努力之后的意外馈赠。

许多广告商慕名找来。药品、医疗器械、丰胸产品、减肥产品和增高产品等"黑五类"广告，我都是直接拒绝的。昧着良心的钱，坚决不赚。我的原则是，头条通常只用来发文章，一周接广告不超过两次，并且不接同一类型的产品。许多品牌广告商对我的公号青睐有加，回头客颇多。

相比起赚钱来，读者们告诉我，看了我的文章，觉得非常励志，并从中得到了力量，变得奋发向上，更加热爱生活，这才是公号带给我最大的成就与满足感。

07

我们每一个人都是平凡渺小的，没办法强大到凭一己之力改变世界，但能够影响一小部分人，也是一件行善和值得骄傲的事情。

很庆幸，现在家人和孩子都十分支持我坚持自己的爱好。

母亲的成长和孩子的成长一样重要，甚至更重要。和孩子们一块儿，努力拼搏，攀登高峰，更快乐、自由、坦然，更有成就感。

其实，我内心特别渴望孩子能看到别人给我的掌声，让他们知道，自己的母亲是一个乐观向上、努力拼搏的人，是一个通过自己的努力赢得他人尊重的人。也许，在这样的氛围中，孩子能不自觉地受到感染，他们会比自己的母亲做得更出色。

　　妈妈也需要掌声，不为别的，为自己能活得精彩，为孩子有一个可值得模仿的骄傲，为一家人能更快乐地前行。

　　亲爱的，我们每一个人的生命都只有一次，都要精彩地过。

你还在指望养儿防老吗？

01

"简爱，在哪儿呢？下来散步吧。"晚上七点半，收到老闺密发给我的短信。那时候我刚下班回家，匆匆吃完饭，便下楼去找她。

八点的夏夜，一场大雨过后，月色朦胧如水，花园一片寂静，行人不多，人行道两旁停着稀松的车辆。几天未见，老闺密明显瘦了，神情十分憔悴。远远地看到我，她强装欢笑，朝我挥手示意。凑近一看，老闺密双眼红肿，明显刚哭过的痕迹。我看着她，心里难受，也知道，此刻的她，一定有好多话要对我说。

昨天她父亲的病，检查结果出来，晴天霹雳，淋巴肿瘤晚期。

一个多月前，老闺密的父亲从老家来广州治白内障，本是一个很小的手术，但医生担心是由疾病引起，要求先抽血检查身体后才能做。

老闺密的父亲花甲之年，在乡村做支书多年，向来奉公廉洁，兢兢业业，深受当地人爱戴与尊敬。他没有半点"官"

架子，能烧得一手好菜，一日三餐，都要亲自动手。

前年春节，我去老闺密家过年，她父亲的厨艺那叫一绝，什么客家酿豆腐、白切鸡、红烧土猪肉……味道比馆子里强多了。老人家为人谦和，极少说话，生有两儿两女，老伴专门帮儿女们带孩子。老两口也在门前种些小菜，养鸡养鸭。老两口一向自给自足，从不给儿女们添麻烦。

前些日子，老闺密的父亲在批改村里文件时，发现眼睛看东西模糊，影响工作，由于当地医疗水平有限，只能给在广州安家的大女儿（我的老闺密）打电话，于是就出现了文章开头那一幕。

认识老闺密十年，说真的，很少见到她那样冰雪聪明又漂亮能干有主见的女子。她从来都是那样的自信坚强，似乎没有什么可以打倒她。

可是这一次父亲的病，来得猝不及防，她感觉天塌下来了一样。在这一个多月里，她不停地跑医院，找熟人，安抚父亲的情绪，承担高额的医疗费。她的两个哥哥，对这一切视而不见。

她的大哥曾经数千万资产，对朋友仗义，出手阔绰，常常一掷千金，可从未给父母花过一个子，对我的老闺密也是相当吝啬，给他打工，一个月开工资两到三千，有时候还得自己往里搭钱。大哥由于爱赌博，千万家产彻底败光，车子被债主开走抵债，别墅让银行没收还贷款，还欠下一屁股债，老婆孩子还得让老家的父母养着。二哥在广州开一厂子，声称工作太忙，还是在老闺密的再三恳求下，过来看望了父亲两次，只字不提老父亲的医药费。好在老闺密的丈夫通情达理，为老丈人忙前跑后，不曾抱怨半句。

拥有这样两个大哥，老闺密心里自然不爽，但从不在父亲面前流露出来。对于两个儿子，父亲虽嘴上不说什么，心里却跟明镜似的：都是白眼狼，到底还是闺女贴心。

02

小时候，村里有户姓赵的人家，生有两个儿子，长得虎头虎脑，人见人爱。

两个孩子长大以后，老二去外地当了兵，复员后返回家乡，带回来一个外省的媳妇，皮肤白皙，长相漂亮，替老赵家生了个胖孙子，把老两口给乐坏了。老大在家乡无一技之长，偶尔打打零工，收入甚微，娶了个本地的姑娘做媳妇，模样难看，讲话尖酸刻薄，而且吝啬成性，生了俩闺女。

两妯娌不知道什么时候就干上了，常常在给老赵两口子的口粮和家用的问题上争吵不休，谁也不愿意多给。每当老两口帮老二带孩子，老大媳妇心里不爽；帮老大带时，老二媳妇又喋喋不休。奈何两碗水终难端平。

矛盾原本只在妯娌间展开，可老赵的两个儿子一无主见，二无能力，懦弱至极，任由事态发展。

两媳妇除了明争暗斗，还经常在丈夫面前吹耳边风，说两位老人偏心眼，厚此薄彼。儿子为哄媳妇开心，免不了指责父母一番。某天赵老太太无端被儿子批评，一时想不开，喝了农药，最终撒手人寰。

失去老伴的老赵，孤苦伶仃，终于积郁成疾，不久也跟着驾鹤西去。本以为事情告一段落，没承想，老赵还未下葬，两兄弟在各自媳妇的怂恿下，为争祖屋归属，而大打出手。四里八乡的村民一窝蜂似的涌来围观，好心人连拉都拉不住，兄弟俩血洒现场。可怜老人家死了，灵魂也不得安息，死不瞑目。

03

在老家，人们都拼了命想要生儿子。

如能如愿，那就是祖上积德，最大的荣光，走出去，脊梁骨挺得笔直。如果没能生到儿子，似乎低人一等，还会被人在背后指指戳戳。

隔壁村庄里，有对李姓夫妻使尽浑身解数，也没有生到儿子。丈夫是个木匠，为人忠厚老实，对妻子和三个女儿疼爱有加，除了没生到儿子，几乎是完美男人的典范。

一次在给一户人家新房子做家具，结算的时候，因为工钱的事情，两人发生口角。对方指着他的鼻子骂：儿子生不出的人，注定断子绝孙。

李木匠无言以对，默默垂泪。

在农村，没有比这更恶毒的诅咒了。

那是八十年代，计划生育最严的时候。一对夫妻生两个小孩已经是超生，四处躲藏，才能侥幸生到第三个。

二十几年眨眼即过。李家的三个姑娘个个出落得如花似玉，聪慧能干，都觅得好郎君，在大城市开枝散叶，生意做得四通八达。姐妹三个争相把父母接过去孝敬。老两口也喜欢到处走走，见下世面，一般在三个女儿家轮番着住。每过一段时间，又回到自己的家乡，三个女儿给老两口很多钱，用家乡人的话说：真是享福。

那些生了儿子的家庭，真正孝顺的儿子没几个，而且老人还要发挥余热，带不完的孙子孙女，洗不完的尿布。

彼时瞧不起李家的人，如今都投来羡慕的目光，谁说生女儿一定不如生儿子？

04

老闺密的老公是家里的独苗，老闺密怀大女儿时胎位不正，只能剖腹，几年后在剖腹生下二女儿时，他心疼妻子以后结扎再挨一刀，当机立断让医生在妻子剖腹产时一块儿扎了。

偶尔有人打趣她俩，以后老了怎么办？言下之意，老了后总不能老待在女儿家里吧。

夫妻俩异口同声，笑哈哈地说："年轻时努力多赚钱，存起来或是买保险，学习西方人，老了进养老院，一帮同龄人打牌下棋，唱歌跳舞，夕阳无限好。如今的敬老院，环境优美，设施齐全，有专业人员护理，有什么好担心的，再过几十年，指定更加完善。女儿要是想看我们，来敬老院便可。"

养儿防老，如今在农村都不常见，更何况在城市，面临越来越大的住房、教育、医疗压力，别说靠儿子养老人，儿子能顾好自己就已经很不错了。

现如今养儿防老的观念越来越淡化。据媒体调查发现，城市居民普遍认为退休后需要靠子女养老的比例只有不到百分之十，有些发达城市只有百分之几。

养儿防老，是农业社会的产物，生产力低下，男丁是家里的劳动力，所以才产生这种观念。而现代社会，先抛开父母与子女之间的亲情，单从经济角度讲，养儿防老的观念，的确是时候该改变了。

父慈子孝，是国人所期盼的完美家庭伦理。当然，也有个别不孝顺的人，他们给老人带来的，经济上不付出还是其次，更多是感情上的伤害。今天的社会，我们一直强调努力的意义。我想，努力不仅仅是让当下的生活变得更好，更重要的是，为未来做尽可能多的储备。当然，我们不希望出现家庭不和睦的情况。如果一旦家庭出现一些纠纷，自己的储备，也可以让自己好好生活。

高速发展的社会，冲击着我们许多的传统观念。在今天，养儿养女，是为了生命的延续与情感的寄托。防老，从经济角度讲，更多的还是依靠自己吧。

假如"原生家庭"伤害了你……

01

"你好，无意中看见了您写的一篇文章《原生家庭，对一个人的影响有多大?》，引起了很大程度上的共鸣。我想问问，怎么才能针对您文中所说的问题进行改良和完善自己的缺点? 毕竟这些观点是根深蒂固的，您有什么好的建议吗?"这是一个叫老王的读者在公号上给我的留言。

《原生家庭，对一个人的影响有多大?》这篇文章能火，始料未及。我想其实并非文章好，而是我们大多数人或多或少在童年时代受到原生家庭带给我们的影响，且根深蒂固。

从客观上来讲，芸芸众生都无法选择出生，以及成长的周遭环境。这大概就是所谓命中注定吧!

但是，没有人能够捆绑住我们的手脚和心，阻止我们追求幸福的权利，不是吗?

02

沫沫的父亲是个好赌之人，赢钱时眉开眼笑，输钱时翻脸如翻书。

而赌博这事，注定十赌九输。沫沫爸很多时候输个精光，喝得烂醉。一回到家里，就把气撒到妻子和孩子身上，看谁都不顺眼。

这时候，沫沫的妈妈若是多说一句，拳头就会像雨点一样落下来。可怜娇小的沫沫妈哪里是丈夫的对手。沫沫眼睁睁地看着爸爸把妈妈打得鼻青脸肿，却无能为力。

在沫沫十岁那年，沫沫妈实在忍受不了这毫无人性的家暴，一时冲动，喝下了农药，从此香消玉殒。

沫沫从那一刻起迅速长大。她知道事已至此，怨天尤人于事无补。与其在怨恨中度过，不如奋发向前与命运抗争到底。

从此她将照顾弟、妹为己任。个中艰辛，不言而喻。

好在如今弟、妹长大，沫沫也已立业，经营着一家面包屋。在她很小的时候就喜欢DIY各种美食，爱好变事业，沫沫每天都乐呵着。在她阳光开朗的身上，一点看不到原生家庭曾经带给她怎样的心灵创伤。

不知情况的人，都觉得沫沫很幸运。沫沫笑而不答，心里清楚，自己不喜欢倾诉苦难，更不需要别人像同情弱者一样怜悯她。对沫沫来说，过去已然过去，把握好现在和未来才是重中之重。

脱离原生家庭的影响，来自于自我觉醒。

怨恨比与人为善更容易在心底扎根。如果正常走下去，沫沫最大的可能是对家庭充满仇恨，而她的选择是勇于承担对弟、妹的责任。如果没有自我意识的觉醒，根本做不到。

不少人抱怨，自己之所以是现在的样子，完全是父母和家庭的影响。抱怨中，从未曾考虑改变。受习惯和情绪的摆布，永远逃不出原生家庭的影响。

想追求更好的生活，有更高的目标、更宽广的视野，先从自我改变开始。改变的前提便是拥有自我意识，自我意识是跳出自己的圈子，与原生家庭"断裂"后的顿悟。

不是有很多人终其一生都在浑浑噩噩中吗？不是有很多人在抱怨中生活吗？没有与原生家庭"断裂"的苦痛及苦痛后的领悟，哪儿来化茧为蝶的惊艳。

03

萍萍结婚十五年了，现在的婚姻生活特别的幸福。

当她回想起当年的自己，有强烈的结婚恐惧症，因为亲眼目睹着父亲出轨父母吵吵闹闹的一辈子，对结婚这件事根本不抱任何幻想，甚至打算独身到老。

二十八岁那年她还是被爱情的丘比特之箭狠狠地射中，开始一场轰轰烈烈的恋爱，相处了两年，男友什么都好，可萍萍迟迟不敢答应男友的求婚，一切皆因对方来自离异家庭。

自己的原生家庭本来就很糟糕了，心爱的人的家庭又支离破碎，结婚之事，自是踌躇不决。多亏了肚子里的小天使及时报到，萍萍惴惴不安地披上了嫁衣。

幸运的是，结婚后的萍萍发现老公身上没有一点他父亲的影子。她老公的父亲自私到极点，懒惰，并且没责任心，还时常殴打妻儿。他们兄妹几人没有一个不是在父亲的暴力下长大的，从来感受不到父爱，小时候看见爸爸就如同惊弓之鸟，害怕到胆战心惊。但萍萍老公就完全相反，他有担当，有责任心，对家人耐心细致，偶尔出差几天，都会提前为她和孩子打点好一切，是个让人特别有安全感的男人。

努力做好自己，不让自己的孩子再次受伤害，用爱与关怀换得新生家庭的长久幸福。这是从一个极端走向另一个极端。所幸，这是好的变化。但并不是每一个人都有如此的定力。

他的定力来自于责任感。生而为人，如果没有责任感，便不配谈做人二字。在社会道德规范内，每个人都会知道自己的责任是什么，对事业、对家庭、对朋友、对亲人，需要担当与责任来支撑。摆脱原生家庭影响，还需要有自我意识后，建立自己的规则体系，而规则的建立，责任感必不可少。

从另一角度看待问题，原生家庭伤害有父母的局限性和所处的时代背景的影响。就拿我自己来说吧，八十年代初，农村的家庭，几乎都是一贫如洗。有句话叫"仓廪实而知礼节，衣食足而知荣辱"。去和一个饿着肚子的人讲礼义仁智信，对方如何能够听得进去，即使能听进去也做不到。同样的，对整天要为基本的生存而疲于奔命的人来说，要在婚姻中时刻保持包容谦让，心平气和，无异于对牛弹琴，难于上青天，太不现实，这样的婚姻怎么快乐得起来？

婚姻不幸福，妻子抱怨丈夫，在农村再正常不过，争吵如同家常便饭。作家韩松落说："从贫苦坎坷生活里长大的男人女人，都有点像神话里那个瓶子里的魔鬼。"

更何况我们每个人都不是独立的个体，我们生活在社会的大家庭，处处充斥着攀比，生活状况不如人意，同时会导致在社会上的评价降低，这些都会把生活带到阴暗的一面。

这样去想，将心比心，就会理解父母。尽早与不幸的童年握手言和吧！原谅过去，以慈悲心看待自己的过往与他人。人生太多痛苦是在纠结中产生，放不下，永远走不出来。

过去的终归是过去，以超脱心态，以洒脱方式，跟过去说声再见，才会有足够的力量应对将来。无所谓原生不原生，心魔作祟而已。放下，它便会消失。

04

对童年的过分耿耿于怀，其实是一种责任的推卸。千万不要把受到的伤害过分放大，不要忘了，作为成年人，我们都拥有宽容、原谅和自愈的能力。

放下心魔，有自我意识，完备自己的精神世界，并以负责任的态度对待周围。打破原生家庭的魔咒，并不是特别难的事。全在你的一念之间。

他们用背影告诉你：不必追

早上出发上班时，开车驶出停车场不远，便看到花园的小径上父母亲拉着我儿子去玩耍的背影，大手小手，两高一矮，两老一小，亦步亦趋，突然觉得这是世界上最美丽的背影。我将车子熄火，停在路边，默默地望着他们的背影，直至他们消失在我的视线里，眼里噙满泪水，有一种强烈的幸福感。此刻，心里只有一个念头：这世上最幸福的事情莫过于父母健在。

常言道："百善孝为先。"许多人总是在长辈离开人世以后才会幡然醒悟，悔不当初，为何没在老人家生前尽孝，所以就有了"子欲养而亲不待"之说。或许是因为某些原因没办法及时尽孝，而留下种种遗憾。于是我在朋友圈做了一个调查。

01

丹姐是我第一个访问的对象，她是一位让人尊敬的女性，夫妻恩爱，事业有成，并且把三个孩子培养得出类拔萃。曾经不经意间在她的QQ空间看到她缅怀母亲的一段话，感人至深。她告诉我，小时候家里特别穷，姐妹又多，是母亲靠着那双勤劳的手，起早贪黑，日夜操劳，自己节衣缩食才把她们姐妹拉扯大的。好不容易等她们长大，出来工作，慈祥的母亲却永远地离开了。如今丹姐事业成功了，家财万贯，鲜衣美食，想要尽孝却是再没有机会了。她最大的遗憾是世界那么大，风景那么美，却没能够带着母亲一起去看一看。

02

接受我第二个访问的是朋友阿端，端哥阳光开朗，见多识广，十分健谈，还是个旅游达人，一有时间就会带着妻女天南地北去旅游。如今他经营着一家五金店，生意红火，妻子温柔体贴，女儿聪慧可爱，一家三口和和美美。只可惜还没等到他飞黄腾达，双亲就相继离开了。

"对于父母亲，你最大的遗憾是什么？"我问他。

沉默片刻，端哥回复："我最大的遗憾是陪伴父母的时间太少，还有就是没有用心去体会他们的内心。"

人到中年的端哥沉稳内敛，很少向人袒露心声。

"至今我都无法原谅自己的是：有一次到离老家只有30公里的一个地方，都没回家看望年迈的父母。"手机那头的端哥陷入深深的自责与无尽的懊恼中。

我不知如何安慰，同时也觉得此时任何语言都显得苍白无力，于是发了一杯茶的图片过去。人生如茶，喝到深处，都带点苦涩，无法言说。

末了端哥对我说，现在每年春节回去上坟时，他都会默默地心痛。

03

Lucy 是我做鞋的同行兼朋友，Lucy姐姐阳光、大气、正能量，我喜欢她，更欣赏她。

Lucy的妈妈是去年年尾走的，一切来得太突然，是她始料未及的。因为在那不久，她还将父母从四川老家接来广东小住了一阵子，由于生意太忙无暇分身，没能带上双亲到处走走。老人家在小区里一没熟人，二不会说普通话，很不习惯，待了没多久就回老家了。

Lucy特别遗憾的是没有带母亲去香港特别行政区、澳门特别行政区以及北京去看看。她在阳江的月亮湾有一套望海的房子，甚至都没来得及带上妈妈去住上一晚，踩踩沙子，吹吹海风，听听海浪声，母亲就不辞而别了。她很遗憾没有抽时间陪伴妈妈，钱是挣不完的，而母亲却只有一个。

最后Lucy叮嘱我，呼吁大家别让老人家两地分居，据我所知，她的父母晚年也是长期分居状态，一个在东，一个在西。因为要帮她的弟弟、妹妹分别带小孩。只有逢年过节，两个老人家才能见上一面。

父母含辛茹苦将我们拉扯大，忙活了大半辈子好不容易等到我们结婚，以为可以停下来喘口气稍作休息。接着我们的孩子又出生了，面对着孩子我们手足无措。刚结婚那会儿，小夫妻一般都收入不高，也没钱请保姆来带。条件稍好的小两口又担心保姆虐待小孩，也不放心交给别人带。因此年老的父母就成了我们的不二选择。他们无怨无悔又重复着当年的日子，不同的是当年带的是儿子女儿，而今则是孙子孙女。孰不知，他们的身体早已不像当年那样强壮，精力也没有年轻的时候旺盛。我们做子女的，把他们的付出当成了理所当然的事情。带得不好，或是带娃理念与儿媳不同产生分歧之时，我们经常会埋怨父母，有些人甚至还会恶语相向，伤透了父母的心。但我们的父母似乎都有一颗强大的内心，总是默默地承受着，这一切的一切还不都是源于一个"爱"字吗？

子女迫于生计千里之外打拼，孩子不在身边的老年人，他们生活寂寞，缺少关爱，家庭如同空巢一般，令人心酸，这俨然已经发展成了一个社会问题。

我很庆幸自己早早将父母接到身边，就近照顾着。前几年父亲因肺结核差点丢了性命，由于我和老弟及时将他送去医院治疗，如今已经康复。母亲前年腹部积水，肚子大得像怀胎八月的孕妇，命悬一线，我们带着母亲到处寻医，历时半年，母亲幸运地活了下来。

我在想，如果我们当初也把父母留在老家，后果又会如何？

父母在，家才完整。那里会有一扇永远为我们开启的大门，一顿不算丰盛却是相当可口的饭菜，随时在等待着我们的归来。无论我们在外面受到了怎样的伤痛，回到那里，总有父母的温言软语为我们疗伤。

趁着父母还在，多陪陪他们吧。别留下"子欲养而亲不待"的遗憾，让自己悔恨终生。

百善孝为先，与诸君共勉。

聊天是父母给孩子最好的爱

龙应台在《目送》一文中写到她和儿子华安的一段文字，打动万千父母："我慢慢地、慢慢地了解到，所谓父女母子一场，只不过意味着，你和他的缘分就是今生今世不断地在目送他的背影渐行渐远。"

今天是周三，安妮工作了一整天，黄昏时分带着疲惫不堪的身子回到家，推门进来就看见女儿欣欣正聚精会神地看着湖南卫视播放的偶像剧，于是气不打一处来，一声咆哮："今天不是周末，看什么看，是谁让你看的！"说完之后，抓起电视摇控器往沙发上摔去。

书房里欣欣的爸爸老唐循声出来，厉色呵斥道："马上给我关掉，听到没有，马上……"孩子的爸爸老唐是出了名的没耐性暴脾气，一场家庭战争就此拉开了帷幕。

孩子哭丧着脸，眼泪快要掉下来了。父亲怒目圆睁，脖子上青筋暴起；母亲横眉冷眼，花容失色。旁边只有两岁的弟弟看到这幅场景，顿时被吓坏了，大声哭叫。餐桌上保姆精心准备好的一桌子饭菜，大家吃得很麻木，味同嚼蜡，胃口全无。

晚餐本应是一家人开开心心坐在那里交流感情的时候，

却让自己给搅和了，安妮有点自责，却也不愿意承认自己的错。白天上班已经够烦的了，客户欠的账一年半载收不回来，今天下午交货时又遇到一个客人胡搅蛮缠地刁难，闹心的事情一桩接一桩。心情很糟糕，扒了两口饭，就放下碗筷，来到阳台上，一屁股坐到摇椅上，一声不吭，望着漆黑的夜空闷闷不乐。

几分钟后，吃完晚饭的欣欣来到安妮身边，眼睛红红的，神情沮丧地说："妈妈，你干吗要那么大声讲话，搞得爸爸出来发火吓到了弟弟？你好好跟我说，'太晚了不要看电视'，我会听你的，但是你这样大声说还摔东西，越这样我越要跟你对着干。你知不知道十岁到十五岁是我们最为叛逆的时期？"

这番话从年仅十一岁的女儿口中听到，安妮不敢相信自己的耳朵，孩子真的长大了，会跟父母讲道理了！是的，我们总是把耐心细心给了陌生人，却把不耐烦和愤怒给了最亲的人。人们常说父母是孩子的第一任老师，其实孩子又何尝不是父母最好的老师呢？

"妈妈，你变了，再也没有从前那么温柔和从前那么关心我了。"欣欣满脸委屈。

停顿了一下，接着又涕泪横流地说："你知道孩子长大了为什么不愿意跟父母待在一起，想飞得越远越好吗？因为你们事事都想管着我们。"

安妮的心像被电击了一般，迅速地颤抖了几下，尽是内疚，在过去的两三年里，因为小儿子的到来，她把大部分的心思放在了他的身上，余下的精力也用在了工作上，无暇顾及女儿，更别说倾听她的心声。

"从今天起，妈妈会好好说每句话。无论再忙每天也会抽出十分钟来和你交流谈心。"安妮使劲地点头，信誓旦旦地对着女儿说。

母女俩经过这次谈话以后，双方都发生了改变。安妮讲话由从前的河东狮吼变得和颜悦色，欣欣由叛逆变得自律了，该玩的时候玩，一到时间自觉地回房间看书写作业，家里又恢复了久违的温馨。

女儿的一番话让安妮醍醐灌顶，决定把自己的亲身经历写出来跟各位朋友分享。有则改之，无则加勉。于是她在女儿班上的QQ群上做了一个调查："同学们，你们觉得家长有哪些地方做得不好？请你们积极发言，大胆说出自己的心里话……给母亲们一次改过自新的机会。"

学习委员A最先发言："阿姨，我妈总是拿我和别人家的孩子比学习成绩，弄的好像我比不上别人似的。"

几个同学纷纷表示赞同。

"还有别的吗？"安妮趁热打铁。

"我希望父母能看到我们好的一面，不要仅仅挑坏处。偶尔也要挑好处来表扬我们。"A义正辞严。

不愧为学习委员，一说就到点子上。

两分钟后B同学说："我爸妈是开厂的，每天工作到深夜才回家，他们回来的时候我已经进入梦乡。早上他们还在酣睡，奶奶已经送我去学校。每周只有等到周末才能和父母见上面坐在一块儿吃顿饭。父母那么忙，我想跟他们说说话，可是好难呀。"

接着群里一片沸腾。

C说："我爸妈在国外做生意，赚很多钱，他们为我安排好学校，让我们只管学习，不用操心别的。可是他们不知道我只想要他们陪在我身边。"这句话后面，她放了一个"委屈"的QQ表情。看得出来，小姑娘在想爸爸妈妈了。

D同学说："我喜欢画画，妈妈偏偏让我学钢琴，她说女孩子学钢琴，将来长大了气质高雅，站在人群中鹤立鸡群。可我压根对钢琴不感兴趣。"

"我已经十一岁了，我妈妈从来不让我一个人离开小区，她说女孩子一个人出门很危险，社会上有很多坏人。可我已经长大，我想要一点点自由都不行吗?"E同学愤愤不平。

……

我归纳总结了一下，大概有以下几点：

一、作为家长，我们常常把自己的意志强加给孩子，我们喜欢自作主张为他们安排好一切，而不问他们真正想要什么，真正感兴趣的是什么。

二、我们为了满足自己的虚荣心和攀比心，平时对孩子的学习不闻不问，一到考试就问成绩，语文考了多少，数学考了多少，英语考了多少，在班上排第几名，班里的哪个哪个同学又考了多少分数。考得好还好，若是考得不够好，马上疾言厉色，各种惩罚纷至沓来。

三、我们爱把自己当年没有实现的梦想转移到孩子身上，希望某一天他们能帮我们实现曾经未能如愿的梦想。

四、我们忙于工作，埋头挣钱养家，自顾不暇。我们以为为孩子们创造了优越的物质条件，就是对他们最好的爱。

五、无论孩子多大，在我们眼里，我们总把他们当作小孩子看待，不允许他们有自己的想法。习惯让他们做个"听话"的孩子。孰不知，孩子越"听话"，就越没出息。

六、我们总喜欢帮助他们成长，苦口婆心地告诉他们这事不能做，那事没前途，让他们在人生中尽量避免走弯路，抹杀他们对这个世界的热情和探索求知的精神。要知道，有些弯路，必须走。吃一堑，才能长一智，不是吗？

欣欣的同学邓家怡的家长，他们在这些方面就做得非常好，在家里完全实行自主制度。在教育方面予以孩子最大的尊重，这样的家庭教出来的三个孩子，个个独立，学习优异，性格阳光，彬彬有礼。

孩子从离开母体的那一刻，就成长为了自己，虽然他们还待在我们身边，却其实不属于父母了。他们有自己的灵魂和思想，开始认识和感知这个世界，在最初的岁月里，我们就是他们的领路人。当他们渐渐长大，就有了他们独特的思想。对这个美丽的世界充满了好奇，作为父母我们是否应该尽量满足孩子的每一个好奇心呢？

护犊之心我们每个人都有，但孩子都是单独的个体，有自己的航线，早晚都是要飞去属于自己的目的地，我们所能做的，不过是尽最大能力陪孩子开开心心地走一段路。

对于孩子，尊重永远排在第一。所谓的"尊重"并不简单地指对孩子讲话客气，不打骂孩子，或是让孩子做出他自己的选择，家长不干涉等，而是表现在一个生命对另一个生命发自内心的尊重，因为每个孩子的身上都蕴藏着无限的潜力，应当让他们自由地发挥。

我觉得，聊天是架起父母和孩子之间最好的精神桥梁，哪怕每天再忙，也请您放下手中的活，花上几分钟的时间平心静气地和孩子们谈谈心，听听他们每天的所见所闻，我想用不了多久就能和孩子们成为好朋友。

孩子总有一天会长大离开我们，在这之前，让我们给他们留下人生中最美好的记忆。

修·养

倾听里藏着一个人的素养和未来

01

心理学家认为，每个人都有倾诉的欲望和需求。从医学的角度来说，说话的确有益身心健康。

我的一个做灯饰的杭州朋友，曾经和我说过这样一句话："凡事有度。度，或许是所有事物，成或立的标尺。"

说话有度，做事有度。

纵观周围的人群。

的确，在人际交往上，懂得倾听的人，往往比不停诉说的人更容易获得别人的尊重与信赖，赢得好人缘，在事业上取得成就。

02

一次和一群朋友去国外旅游。我和K姐同居一室，她跟我微笑着说："庆幸这次是和你同住。"

我问："为何这么说?"

她答:"你不知道啊?有一回去四川九寨沟和T住同一间房,那一周不知道怎么过来的,太可怕了,她总是喋喋不休,白天不停说也就算了,夜晚不到十二点,根本不会合嘴,真是要命,整个行程下来,我身心俱疲,有种度日如年之感。"

我和T也算相熟,有过几次推杯换盏的经历,尤其记得在一个共同的朋友为孙子办满月酒宴上,同桌八位,有一半互不认识,T是那种自来熟,对谁都掏心掏肺,家里的陈谷子烂芝麻事,生意上的繁复冗杂,事无巨细,竹筒倒豆子一样,噼里啪啦。话匣子到了她那儿,就没完没了。

席中,还有一位男子Z,和T一样,喜于人前表现,口吐莲花滔滔不绝。于是一男一女,演起了双簧,你一唱我一和。

作为朋友,我偶尔会附和一下他们的谈话,或是点头微笑。但我悄悄地观察了同桌的其他宾客,尤其是男的,颇有不耐烦之色,只是碍于场合,不好发作而已。

太阳底下,并无新鲜事。一个人废话太多,出于礼貌,旁人又不得不边听他们说话边附和,三五分钟倒无所谓,但一顿饭吃下来,一两个钟头就听他们高谈阔论,又怎么会不累?

你身边一定也有不少这样的人吧?

这样的人,说白了,就是拎不清。

其实我们每个人,每天发生在自己身上99.99%的事情,对于别人而言根本毫无意义。

卡耐基在《人性的弱点》一书中有句良言:你如果没有好

话可说，那就什么也别说。

深以为然，在为人处世上，懂得倾听远比懂得说话更为重要。

03

喜欢刷存在感，是人类的天性。这直接导致我们希望自己是世界的中心，一言一行，被万人瞩目。

生活中，我们都希望谈论自己，让别人了解自己，却很少有人愿意倾听别人。曾经年少轻狂，我也有过此等举动。后来，我看到一句民间谚语：一壶水不响，半壶水响叮当。瞬间被打脸了。

作为一名商人，时不时会和一些生意人在酒桌上交流，我发现真正的大亨，内敛低调话不多，善于倾听，偶尔答上几句，一语即中，让人醍醐灌顶，更为膜拜。

写到这儿，我想到自己这些年管理公司时遇到的人。曾经有个员工，无论你和他说什么，他总要打断你的话，去辩解。对朋友、领导，尚且如此，对亲人就更肆无忌惮了。

扪心自问一下，我们有多久没有倾听父母长辈的心声了？父母的"唠叨"，其实是向我们诉说自己的想法和心情，作为倾听者的我们，虽然有时候只有简单的两个字，嗯、是，但这足足会让他们高兴一阵子。亲人向我们倾诉，是出于对我们的信任，无论我们是否给出正确的意见或是建议。而我们却总是一次又一次地伤他们的心，在外面听无关紧要的人瞎吹嘘，一听就是一整天，一回到家里，父母说两句，马上疾言厉色各种不耐烦。

倾听是一种智慧，当我们没有听完别人的话时，不要轻易妄加评论，不要说长说短，因为我们只听到了冰山一角，后面的话还没有听完。急于表达自己的想法，只会给人留下浮浅、不稳重的印象，甚至还会闹笑话。

下面是一则真实的故事：美国的一位著名主持人叫林克，某天在主持一档节目时采访了一个小男孩，他问小男孩："你的梦想是什么？"小男孩激动地说："我想当一名飞行员！"林克有意逗他，追问道："假如飞机在太平洋上空飞行到一半而燃油耗尽时，你怎么办？""我会告诉我的乘客系好安全带，然后我挂好降落伞跳出去……"

没等他说完，观众和林克都笑了，这真是一个聪明却又自私的小孩，却没想到小孩委屈地补充道："我跳下去拿燃料，然后马上回到飞机上！"

这下，大家都沉默了。

上帝创造人的时候，为什么只有一张嘴，却有两只耳朵？是为了告诫人类，要少说多听。你又不是美国总统，忙到连等待别人表达的时间也没有，你欠缺的不是时间，而是素养。

如果你留心生活，就会发现，那些人缘好在事业上有所建树的人，通常不是因为他有多么的幽默风趣，而是他能静静地听完每个人的说话。学会倾听就是对别人极大的尊重，也是真心实意关心别人的表现，而真正充满智慧的成功者正是那些懂得倾听的人。

　　说到底，倾听里藏着一个人的素养和未来，愿你我都有。

世界正在惩罚管不住情绪的人

图一时的口舌之快，付出的代价，可能后悔终生

女儿学校邀请每个班的书香家庭代表陪同学生，参加学校的亲子活动以及观看一系列的精彩节目演出，时间定在上周五。

那日我和女儿早早起来，准备七点赶去学校化妆。谁知儿子也醒了。女儿这边时间紧迫，儿子吵着要去幼儿园。还好顺路，那就一起了。到了幼儿园门口，才发现还没开门，我只得把车掉头，先送儿子回家。

车子停在负二层，没熄火，我把家里的锁匙交给女儿，让她乘电梯送弟弟上去。怎知，小家伙到了家里，不让姐姐走了，号啕大哭，各种撒泼。正在酣睡的先生被儿子的哭声吵醒，怒火中烧，不问缘由，劈头盖脸对着女儿一顿说。

我在停车场等得着急，不停地看表。许久，女儿下来，满脸通红，泪如雨下，像一只受伤的小鸟。

"发生了什么事？"我问她。

车子在匀速前进，景物向后倒退。坐在后座的她，望着天

空发愣，不说话，眼里全是落寞、痛苦与恐惧。

我的心很痛。她还是一个孩子，却要面对情绪随时失控的父亲。

要说先生身上优点很多，缺点也是相当明显，他是家里出了名的暴脾气，独断专行。听家婆说家公年轻那会儿也这样，大男子主义，在家里说一不二，不容他人说话的权利。先生在这种环境下成长，久而久之，全盘吸收了。别看我儿子现在才四岁，小小年纪，已经嚣张跋扈，一言不和就甩脸色。这是一种可怕的恶性循环。我不知道，在中国有多少这样情绪失控的家长存在，但我想，一定不在少数。

有时候，我们情绪来了，讲话不过大脑，也懒得听他人解释，图一时口舌之快，出口伤人。也许只是无心之举，却带给他人致命的心理伤害，付出的代价，可能会让我们后悔终生。

不能控制情绪的人，往往会失去很多成长的机会

说起来，我前两天好心办了件坏事。

微友中有个纸媒写手A，他靠写纪实的人物采访稿，来赚取一些稿费。我闺密S是一个有着传奇经历的女性，最近出了本新书，专写社会底层的小人物，历史感极强，民间疾苦跃然纸上，书中故事深入人心，有不少知名评论家点评：这个女子才华不输民国时期的张爱玲。

有意撮合他们俩之间合作，我于是主动请缨为他们牵桥

搭线。

我先把闺密的微信名片推荐给A，A马上添加了她，两个人当即开启了一场谈话。

岂知，几分钟后，A气急败坏地找到我。

"气死我了！和她没法沟通，她太狂妄了！"

"发生了什么事？"我不解。

"她说自己随意写作，不需要构思，每天能写一万字。这种写作方式，我五年前就这样，那我不就是天才了！"他愤怒地说。

"原来为这事呀，据我了解，她一直以来，确实是这样创作的。"我微笑着说。

"太扯淡了。写文章需要个性，但是个性也必须建立在基本规则上！"他越说越生气。隔着手机，我能感觉到他的满腔怒火。

我马上给闺密S发消息："宝贝，都是我的错，对不起啊。"

"没关系，亲爱的。可能他太需要认同了，接受不了别人不一样的想法。说来，还是太年轻，比较敏感，不怪他。自始至终我也没说不认同他，都是他在提问，我说自己的想法和状态。估摸着这会儿他已经拉黑了我，不过没关系，只是别让你为难就好。"闺密S回复我，言辞间心平气和，胸襟气度，高下立现。

前几天看到一篇网络热文，标题叫《弱者易怒如虎，强者平静如水》，突然就想到这件事。

谁没有点脾气，只是，别人比我们有修养，不跟咱们计较罢了。

一个人如果总是固执己见，路只会越走越窄。智者海纳百川，他深知，跟不同价值观的人交往，我们的视野和格局、思维方式，都会变得开阔起来。生而为人，永远不要让你的脾气，比你的本事大。

管理好自己的情绪，享受世界的美好

回到文章开头，其实孩子哭闹、撒泼、有情绪，是一件很正常的事情，为人父母者，其实大可不必河东狮吼。

张德芬老师在《遇见未知的自己》一书中这样解释这件事情：对孩子来说，一些天生的恐惧，所求不得的愤怒，希望落空的悲伤，都是一种生命能量的自然流动而已，它会来，也就一定会走。坏就坏在一些父母，对这些孩子身上自然流动的能量的态度。

看到这段话的时候，我如梦初醒。

作为父母，我们只希望看到孩子的正面情绪，拒绝接受他们的负面情绪，这不是爱，这是自私。

先生怒斥女儿，把怒火转嫁到无辜的人身上；纸媒写手指责闺密，在这两起事件中，你若透过现象看本质，不难发现，其实所有的问题都是出在我们自己身上。

孩子的情绪，其实跟父母自身的性格特征有着最直接的关系，如果不及时制止，将一代又一代恶性循环下去。

纸媒写手自身狭隘，才会对他人多元的价值观产生抵触的情绪，一个人如若故步自封，拒绝成长，你想拉他，都找不到他的手在哪里。

恐惧、愤怒、过度兴奋，是每个人再正常不过的心理，当理智无法控制这些心理活动时，便会转化为情绪发作出来。情绪发作从本质上来说没有什么不正常，需要考虑的是，我们的情绪给外界带来了什么影响。

是否给他人带来伤害？是否导致事态朝不好的方向发展？是否会让沟通不畅？是否让自身失去正确判断？

假如情绪的发作带来这些不良影响，那就要学会控制了。因为，稳定的情绪才会让事态控制在合理的范围内。无论是深呼吸也好，还是延迟几秒再发作也好，这都是一些简单的方法。情绪控制的根本，还是在于心性的修养。

说到底，任何人最终的归宿，都是自己。

张德芬在翻译克里斯多福·孟的《亲密关系》时，总结最为精辟的一句话是：亲爱的，外面没有别人只有自己。

是的，世间万物，境由心生。唯有我们改变自己，改变自己的心境，所有的外境，包括人、事、物，都会随之改变。换言之，成全别人，其实就是成全自己！

一个能控制自己情绪的人，必然有着强大的内心，这在人生路上，也就没有什么可怕的了。

不评价别人的婚姻，是一种修养

01

耗子，双鱼座，特别感性，是那种心里藏不住事的人。

前几日她和丈夫大吵了一架，在自媒体圈硬是刮起一阵"龙卷风"。

夫妻吵架，本是一件寻常小事。舌头和牙齿一辈子相濡以沫不离不弃，还会有咬到的时候。但舌头和牙齿不会说话，人是情绪化的动物，特别是女人。

心情不好，就必须发泄，作为一枚长期把玩文字的自媒体作者，耗子不费吹灰之力写下一篇长文，把和丈夫相识相知结婚到现在的每一次争吵"恶语恶行"，一一呈现在文字中。写完之后，随手发给一群微信好友。好几个她的作家朋友看了，怒火中烧，于是路见不平一声吼，一场正义的写文讨伐开始了。

文字虽不是武器，但比刀枪剑戟斧钺钩叉，更有力量。

无数网友看到文章后群情激愤，声音一边倒："远离渣男，重启新生。"更有好心者，要介绍律师给耗子，协助办理离婚之事。

暗流汹涌。眼见着一场离婚大戏即将到来。

旁观者持的是什么样的心态，自然是看热闹的多，真正关心她的少。

最后，你猜这么着，这边好朋友义愤填膺拔刀相助集体讨伐"渣男"，那边耗子早已和丈夫重修于好，蜜里调油。

仗义相救的朋友们知道后，气得花容失色，哀其不幸，更是怒其不争。

02

在网上看到一则故事。

一个流浪汉，走进寺庙，看到菩萨坐在莲花台上众人膜拜，非常羡慕。

流浪汉说："我可以和你换一下吗?"

菩萨说："只要你不开口就可以。"

流浪汉坐上了莲花台。他的眼前整天嘈杂纷乱，要求者众多。他始终忍着没开口。

一日，来了个富翁。

富翁说："求菩萨赐给我美德。"然后磕头，起身，他的钱包掉在了地上。流浪汉刚想开口提醒，他想起了菩萨的话。

富翁走后，来的是个穷人。

穷人说："求菩萨赐给我金钱。家里人病重，急需钱啊。"磕头，起身，他看到了一个钱包掉在了地上。

穷人："菩萨真显灵了。"他拿起钱包就走。流浪汉想开口说不是显灵，那是人家丢的东西，可他想起了菩萨的话。

这时，进来了一个渔民。

渔民："求菩萨赐我安全，出海没有风浪。"磕头，起身，他刚要走，却被又进来的富翁揪住。为了钱包，两人扭打起来。富翁认定是渔民捡走了钱包，而渔民觉得受了冤枉无法容忍。流浪汉再也看不下去了，他大喊一声："住手！"把一切真相告诉了他们。一场纠纷平息了。

故事最后发问：你觉得这样很正确吗？

菩萨："你还是去做流浪汉吧。你开口以为自己很公道，但是，穷人因此没有得到那笔救命钱，富人没有修来好德行，渔夫出海赶上了风浪葬身海底。要是你不开口，穷人家的命有救了，富人损失了一点钱但帮了别人积了德，而渔夫因为纠缠无法上船，躲过了风雨，至今还活着。

最后，流浪汉默默离开了寺庙……

03

上面的这则小故事告诉我们：

止语，是一种智慧；静观其变，是一种能力。

在我结婚最初的几年里，也犯过和耗子同样的错误。

两个人吵架，先生得理不饶人。我心中委屈，歇斯底里，而他，只是视而不见听而不闻。

我满腹委屈，成了彻彻底底的怨妇，跑回娘家，在父母、弟弟、弟妹面前，鬼哭狼嚎眼泪汪汪，把先生说得十恶不赦，恨不得剥其皮抽其筋。

而我爸妈他们总是缄口不言，任我一个人怒气冲天。那时候我不能理解，甚至特别痛恨他们。

我又找最好的闺密哭诉，闺密总是静静地陪着我，不发表评论。

时隔多年，我已在婚姻里摸爬滚打十几年，回望过去，终于懂得了他们的良苦用心。

面对他人的婚姻问题，即使是亲人，即使是最好的朋友，也不要妄加评论。

有时候，你看到的，或是听到的，只是一方的片面之词，并非全部，并且婚姻从来不是讲理的。当女人处在气头上时，往往口无遮拦，甚至添油加醋，真真假假，难以分辨。

话又说回来，中国最不缺直男，不是他们坏，而是他们并不知道女人小心眼或是无理取闹，不过是在求关注。一个拥抱，一句体己的温言软语，便能将一场干戈化为无形。

我常说，了解女人的心理，是男人一生的必修课。

女人是种意气用事的感性生物，白天要死要活，一觉睡起来，气也消了大半，昨天翻篇了，啥事都没有，却在不经意间把朋友亲人陷入尴尬境地。

成长是什么？有人说，成长，就是将哭调成静音的过程。

今天我想把这句话送给天下已婚女士。

这些年，我和先生争吵依然存在，只不过我已将模式调成了静音。你再看不到我在朋友圈里凄风苦雨，取而代之的是一个积极的充满正能量的女子。

04

婚姻是一种修行，既是修行，便不可能没有磕磕绊绊。

在面对他人的婚姻问题时，父母和好友的止语，在某种程度上，给予了当事人冷静和理智，假若他们站在同一方，同仇敌忾，毫无理由支持，谁能想到会是一种怎样的结局？也许原本是一句"我爱你"就能解决的事情，最后却家破人散。

纵观身边，太多夫妻吵架，本没什么大事，最后都让外人给搅和了。

不评价他人的婚姻，是种最基本的尊重和修养，更是一种情商高的表现。

因为，两个人的问题，最终还是要两个人来解决，婚姻中的纠葛与双方的性格、家庭、子女、习惯、感情、账务、社会关系等都紧紧缠绕在一起，一个外人，如何了解他们一路走来经历过怎样的风风雨雨，无论怎样"公正"，都不可能设身处地。

不说话，也意味着尊重他人的隐私。以自以为是的"正确"插手别人的生活，其实是干涉他人的表现。在一个开放而文明的社会中，感情问题，始终是个人的私事。止语，即修养，即智慧。

很多时候，夫妻吵架，他们实际上根本不需要别人的建议，不过发泄一下情绪，找个倾听者罢了。我们又何必参与其中，做根搅屎棍自取其辱？

何炅：偶尔做个"无用"的人

01

芒果台的大型生活服务纪实节目《向往的生活》，不知道你们看了没？我是挺喜欢的。

节目讲的是什么？

何炅、黄磊、刘宪华三位明星从万人景仰的舞台回归到北方田园，一个叫蘑菇屋的小院里，过起日出而作，日落而息的农民生活，白天到地里掰玉米棒子，夜晚烧火做饭。真真切切考验明星们自力更生、自给自足、待人接物的真实生活。让我们有幸看到明星们戏外的另一面。

一连看了好几期，对其中一期印象非常深刻。

那一期，白百何实然空降蘑菇屋。

对于白百何，大家都应该熟悉，影视红人。可一到了蘑菇屋，看着黄磊在灶前忙得不亦乐乎，何炅娴熟地打扫和整理，刘宪华给黄磊打下手帮厨，自己却什么忙也帮不上。于是，她皱着眉头对何炅说了一句话："突然就觉得自己成了一个无用的人。"

白百何的言下之意，自己离开舞台，离开聚光灯，便有种黯然失色、找不到存在感的感觉。

何炅听后，微笑回答："人活着，不必每一天都有用，偶尔做个'无用'的人吧。"

不得不承认，何老师的话，很有哲学意味。

社会高速发展的今天，人们忙着挣钱，忙着出名，忙着升职加薪，人人像上了发条一样，埋头赶路，我们已经习惯做一个"有用"的人。

02

究竟什么是有用，什么是无用？

白百何和何炅的对话，使我想起去年网上的一则新闻。

两个九零后的女孩，在网上直播撕书。

视频中，一个女孩拿起史玉柱的书后说到："史玉柱是谁？"

另一个女孩回答："史玉柱是谁啊？长这么丑书怎么能读得下去，不撕留着何用。你要读书吗？"

前面的女孩接着说："我不读书，我要读书干吗？"然后便将书给撕掉了。

另外那个女孩又拿起郭敬明的一本书说道："郭敬明是谁？"

对方接答："娱乐圈最矮的……"紧接着撕完书后，旁边的女孩附和："你不读书也能开跑车。"

两人越撕越起劲，围观者无数。

且不论两个女孩是出于什么目的要拍这样的视频，上传到网上。但是话里话外，字里行间，想陈述的观点只有一个，那便是：读书无用论，长得美并且会赚钱才是真本事。

是呀，这是一个看脸、看钱的时代。谁愿意做"无用"的人呢？

03

如此功利，俨然已发展成一个社会现象。

在中国，早教培训中心无处不在。有些宝宝甚至一岁不到，父母便一掷千金送去做智力开发，各种培训，拔苗助长。

我们都活得太着急，生怕孩子一出生就输在了起跑线上。

如果一个人学富五车，出口成章，但赚不来钱，是要被人耻笑的。

只有加官进爵，有名有钱，才能称之为有用的人。

对于那些家庭幸福，收入一般的，往往被人视而不见。

我们的教育，从来都是过分强调有用论。

法国的思想家卢梭是这样说的："大自然希望儿童在成人以前就要像儿童的样子。如果我们打乱了这个次序，就会造成一些早熟的果实，既不丰满也不甜美，而且很快就会腐烂，我们将造成一些年纪轻轻的博士和老态龙钟的儿童。"

深以为然。

04

关于有用和无用。

乔布斯曾经说过一句话："人皆知有用之用，却不知无用之用。"

在物质丰富的今天，我们可不可以少一些有用，多一些"无用"。

十九世纪初，"京城第一名家"——王世襄，生于名门世家，却沉迷于各种雕虫小技，如放鸽、养蛐、驾鹰、走狗、掼交、烹饪，而且玩出了文化，玩出了趣味。荷兰王子专程向他颁发2003年"克劳斯亲王奖最高荣誉奖"，给出的颁奖词是：如果没有他，一部分中国文化还会被埋没很长一段时间。

有的人一辈子都在做有用的事，事实却一辈子都毫无价值，比如说金钱，谁又能在死后带走一个子？有的人一辈子都想做点"无用"的事，留下的东西后人却受用无穷。

客观上说："有用"确实好，能让我们锦衣玉食，豪车代步，经济独立，走起路来都带风。

但，是不是物质丰富，我们就能获得真正意义上的快乐？快乐的源泉到底来自何处？

是的，我相信锦衣玉食能带来快乐，也相信名车带来的舒适感，也明白豪华的住宅给自己带来的某种享受，而这所有的快乐与享受，只不过是最大程度上满足了外在的需求。

那些书籍、音乐、花鸟鱼虫……根本无法给我们的物质生活带来实际的效用，所以，在很多人看来并没有什么用处。没用的东西，也就不再用心追求。

然而，生命的宽度与厚度，并非是用物质堆砌起来的，在物质之外还有精神，在有用之外还有无用，正是这些无用之物，拓宽了我们生活的维度，生命的精彩更需要物质之外的东西。

这个世界上并没有无用的东西，只是，我们忽略了发自内心的愉悦，以为物质可以代替一切，甚至可以代替那些会心一笑，代替顿悟时的心神会意。

殊不知，人的欲望无穷无尽，对于物质的追求，穷其一生，也难以满足。

只有精神的富足，才能换来内心的宁静和长久的愉悦。也只有那些无用的东西，才能让我们体会到生而为人的真正快乐，不是吗？

情商低的人真要命

听人说，除了天才之外，大部分人的智商都相差无几，智商这东西跟遗传关系最大。但情商，是完全可以后天培养和学习的。我不怕跟智商低的人打交道，最怕跟那些情商低得可怕，还不自知的人相处，简直分分钟要人命。

01

不巧，最近我还真遇到两个低情商的奇葩。

一位姓王，男，他曾经是一名翻译，偶尔带客户来我店里，大概是因为鞋子风格不同，合作很少。

闲聊之时，发现是老乡，便有种莫名的亲切感。

无意间他说起，前几年妻子离开了他，如今自己独身多年。

我有些不可置信，仔细端详了一下他，实在没理由，这人长得也白净，一口流利的英文，名校学历，穿着打扮儒雅斯文，怎么看都够绅士的。

"难道是姑娘眼瞎了吗？还是有眼不识明珠？"我心里这

样想着，但终究没说出口，因为交情并不深。

"你条件那么好，天涯何处无芳草。别灰心，相信你很快就能找到更好的!"我安慰他说。

"一直没再遇到合适的。"他有些沮丧。

带着这样的疑问，又过了两年，这期间他和客户都没再来我店里。

再见他是今年八月份，他还是老样子，虽说年龄已有三十八，但白净书生的模样，让他看起来永远跟二十几岁的小伙子相差无几。

见他过来，我赶紧让助理给他泡茶，茶香袅袅，我们面对面坐着聊天。

他告诉我，过去跟的几个老外生意不好，都转行了，自己年龄大了，好不容易找到一份银行的工作——一家银行的信用卡推销员，让我帮帮他。

不是我不想帮他，说真的我对推销员向来有抵触心理，每天总有三五个上门来推销自己产品的人，让人不胜其烦。原本工作也忙，办这卡还需要填许多资料，私人的证件要提供，再说，这卡我完全用不上啊。

我于是表示抱歉地拒绝了。

他坐了一会儿，默默地走了。我有些愧疚，但确实也是无能为力，心里祈祷他能够理解。

不料，接下来的几天，被他的信息狂轰滥炸，群发短信，还有私信不断，语气从恳求到强硬，甚至举起道德大旗，非让我帮他不可。

忍无可忍之下，我把他的微信拉黑了。

本以为这事就此画上了句号，不想，次日又收到他添加的微信请求。我打开一看，请求的理由这样写着：没关系，不介意少一个朋友！

那一刻，我终于明白他妻子为何要离开他。

这情商到底有多低，才会让人如此避之不及。销售需要技巧和一颗真诚的心，而不是强人所难。只有情商低的人，才会有如此拙劣表现。

我在想，这样的人，想要在如今的社会上出人头地、赢得美满婚姻、交到真心好友，有点难。

02

遇到的第二个A君，是在一个书群。要说书群，让人联想到的应是，谈笑有鸿儒，往来无白丁。其实不然，也有奇葩。前几天的圣诞夜晚，大家兴致极高，于是有人提议，唱几首歌欢乐一下。群里有两三位是大家公认的唱歌高手，管理员当即圈了其中歌喉最好的那个出来。当大伙都陶醉在他的美妙歌声中时，A君发话了："他唱的歌，离选秀还差得远。"

集体沉默。

接着他又继续说："你们看过《中国新歌声》就不会稀罕他了。"

再也不能忍受，我发了一句："这情商实在堪忧啊。"

大家纷纷附和。

A君并没有见好就收："一个人说你美，你可能不会特别在意；一个人说你丑，也许就能刺痛你。你说到底为什么，我们那么容易被那些反对的声音影响呢？"

当众泼冷水，扫人颜面无法下台，这不是直，而是傻，关乎到一个人的情商和教养。不管是出于什么目的，哪怕是善意。

03

生活中像王生和A君这样的人还真不少。

是啊，我们都不喜欢一个人讲话滴水不漏，太过世故圆滑。这样的人总让人觉得城府太深。

但比较这些人而言，更可怕的是像王生那样的，说话咄咄逼人的强迫症患者。为满足一己私欲，丝毫不在意别人的感受。还有类似A君那样的，不会审时度势察言观色，讲话从来不经大脑，不分场合，夹枪带棍，热嘲冷讽。

这样的人喜欢自作聪明，孰不知不经意间泄露的是自卑浅薄的内心世界和低得可怕的情商。

活了三十几岁，在生意场上摸爬滚打十几年，见过形形色色的人。算不上对人性有足够的了解，但我发现一点，但凡那些讲话刻薄，狂妄自大，目中无人者，都基本接近一个模样。

成年人和孩子的区别，在于成人心里应该有杆秤，哪些话该说，哪些话不该说，哪些话需要分场合说。更不会强迫他人做不愿意做的事情。

立足岗位、男娶女嫁、交往人际关系等，靠的是情商。渐渐地，你会发现，那些各行各业精英翘楚，他们不见得有多么高的智商，但无一例外都是讲话让人听了舒服的高情商的人。

高情商的人之所以成功，因为他们总是站在别人的角度来考虑问题，走进别人的心里。而不是从自身利益出发，满足不了便口出恶言伤人。一个会照顾他人情绪，尊重他人利益的人，自然会获得他人的好感和信任。

而且，高情商的人，懂得自身与他人的距离远近。他不会对亲近的人使脸色，也不会和距离远的人说过分亲昵或是批评的话，尤其是在公众场合。有分寸感，有度的把握。

需要分清的是，高情商极易与油滑混淆，其区别在于，油滑者是在用高明的手段包裹私心，而高情商的人以诚对人，将心比心，即使有私心，也是把自己的利益放在后面。建立在诚心之上的交往，自然让人感觉舒适。这样的人，走到哪里，都能做成大事。

远离那些低情商的人，别让他们消耗你的生命。

不浪费别人的时间，是一种教养

01

这个月我已经是第三次收到王先生的群发短信，其中第一条是推销他的信用卡，第二条、第三条是为他的朋友圈集赞。

第一条由于没有那个需要，我便忽略了。收到第二、三条信息时，看在老乡分上，我跑去他的朋友圈为他点了赞。

通常像这种情况，一个月之内三次群发信息，其实已经构成骚扰，我会毫不犹豫地拉黑对方。之所以没拉黑他，是念在过去交情上。

昨晚，他又私发信息给我："老乡，看在以前我努力帮你带客户帮衬你生意的分上，哪怕你自己不办信用卡，也介绍些朋友给我呀！谢谢你！"

看到这条信息，我心里顿时升起一股无名之火。

我绝非轻易动怒之人，实在事出有因。

前天，他才到过我工作室，跟我哭诉，自己快四十岁了，好不容易找到一份新的工作——某个银行信用卡推销员，让我支持他。我说自己已经有了四大银行的信用卡，再办一张，似乎没有必要，更何况办卡还要填很多资料，当时我手头还有很多工作要做，便委婉地谢绝了。

但他似乎一点不会察言观色。又接着说："那你让公司的员工们帮一下我吧。就是填个资料，卡下来用一次就行了。"

我笑了笑说，据我所知，他们从来不用信用卡。

他一脸不悦地走了。

没想到一天之后，又收到他的私信。为达目的，他从一开始就站在道德制高点上，似乎这忙我还非帮不可。

过去的几年里，他是有带客户来我工作室，前后加起来下过几百双鞋子的订单，说是帮衬我，实则是为了自己抽佣金。

退一万步说，即便曾经有恩于人，也不能强人所难，占用别人的时间。我没有再回复他的短信。孔子说：逝者如斯夫，不舍昼夜。时间有多宝贵，不言而喻。

生意、家庭、读书、写作，我几乎每天都在与时间赛跑，不想再在可有可无的事情上浪费时间。的确，我和他的交情真的也没有到非帮不可的份上。

想到那句风靡一时的话：人家帮你是情分，不帮是本分。

02

鲁迅说："生命是以时间为单位的，浪费别人的时间等于谋财害命。"

昨天早上，在我上班途中，一个公号小主因为转载文章的事情找我，她不知道白名单是什么。

当时我正开着车，等红绿灯时，发了一段语音告诉她说我在开车，让她先百度一下，弄清楚后再发给我。随后她把百度的查询结果截图给我。

因为在高速上我不方便回复，等我到了停车场，再发信息给她时，她的微信对话框显示：您需要添加对方为好友，才能给对方发送会话消息。

新手也这么牛，我便把她的微信删了。一分钟后，看到她再次要求添加我的微信提示，我毫不留情把她拉黑了。

没有谁的时间专门为你二十四小时待命，除了你爸妈。

所谓的秒回信息，那是最亲的人或是情人、知己、好朋友才有的待遇，而不是对一个尚未谋面的陌生人。

古语有云：尊人者自尊，敬人者人敬。

一个不懂得尊重别人、无端浪费他人时间的人，我不屑与这样的人为伍。

03

谁都知道，生命诚可贵。

时间是生命最重要的组成部分，如果不是有过铁的交情，尽量不要去浪费别人的时间。人生路上，艰难险阻，谁都会有。如果能够自己解决的事情，最好不要去找别人帮忙。

曾经公司有个女员工叫Tina，她虽然离职已有七八年，但我却记得她，她QQ签名是这么写的：不要麻烦别人超过三次，否则你就会成为别人的负担。

事实上，谁也不是一个万事不求人的主。遇到自己不懂的事情，当然会去请教关系好的朋友。

但要保证以下两个原则：第一，尽量不在中午或是夜间休息的时候去打扰朋友；第二，问问题的时候，尽可能不转弯抹角顾左右而言他，应当开门见山直奔主题。

"在吗?"

"在吗?"

不是废话吗? 有事说事，干脆利落。

解决完事情后，我常对人说的一句话是："知道你忙，不便多打扰，祝好!"

这年头，优秀的人都在与时间赛跑。我深知，时间对于他们的重要性。

当然，如果在双方都有闲的时候，多寒暄几句，有利于友谊的加深巩固，未尝不可。

04

常常听人说起教养，知书达理、好好说话是一种教养。的确如此。但我觉得，不浪费别人的时间，也是一种好的教养。

我母亲是一个非常有个性的女子。我和老弟经常打趣她有如顽石一样的固执与倔强。她这一辈子，没有求过任何人，即使在她最为艰难的时候，也是咬紧牙关硬挺了过去。

从小，她就对我和老弟说，能不麻烦别人，尽量不要去给别人添麻烦，谁都不容易。

我虽不至于像母亲那样。但过多的打扰别人，我会非常过意不去。

时间是金，其值无价。我们是否都应该学会不要去浪费别人的时间？生命本来就有限，大家都有忙不完的事。

在我忙碌时，我不希望别人用那些鸡毛蒜皮的小事来麻烦我。如果真有事情，我希望对方尽量用简短明晰的语言来表达。

当然，如果我要去麻烦别人，也会选择合理的时间和方式，尽最大可能不占用别人过多的时间。

一个年轻人，有时间去风花雪月，去抒发无尽的欢乐与哀愁；一个无所事事的人，有时间去关注他人的家长里短，也有时间在意自己脆弱而敏感的情绪；真正成熟有目标的人，他会利用所有有效的时间集中在自己的事情上。

跟时间赛跑，并不是一句矫情的废话。浪费自己及他人的时间，同样都是可耻的。

任何一段关系中，只有互相尊重体谅，设身处地，换位思考，才有可能长而久之相处下去。

在我看来，不浪费别人的时间，是一种教养，更是一种生而为人的美德和智慧！

这才是一个人最大的财富

这个月中东的大部分客户已回国与家人团聚。我们的外贸市场进入"冬眠"状态，一片清寂，门可罗雀。

每年的这个时候，总有一些"事故"发生。这不，就这几天里，我接二连三地收到工厂老板"跑路"的消息，一个姓林的老板因为客户退货，目前无力支付原料店的货款，选择逃之夭夭。另一个陈姓的老总被二奶卷走了巨额资金，陷入困境，也拍拍屁股走人了。

城门失火，殃及池鱼。

可怜大批工人拿不到工资掩面号啕。那些刚起步不久的供应商惨遭连累。

说真的，我特别痛恨这些老板不负责任的行为，不管是出于什么原因。一个人最大的破产是人品和信用的丢失，绝非金钱。信用是人生基石，基石都没了，还谈什么发展。

古人有言："人无信不立，国无信则衰。"

想起多年前，自己亲身经历的一件事。一个辅料店老板，利用我对他的信任，同一笔货款反复发账单过来请款。

第一次和第二次，我只是好心提醒对方注意一下。他满脸堆笑，不停推脱，说是工人粗枝大叶，回去后一定严查一下。岂知，没过几个月，又故技重施。凡事不过三。这回我找到他的工人对质。他的员工是个老实人，三言两语一问，马上露馅："账都是老板亲自做的，我不知情。"

当时我真是气不打一处来，立即把他拉进黑名单，决心中断以后所有生意的往来。后来，他三番五次找上来，让我关照一下他的生意。对不起，姐姐恕不奉陪了！

不管从事哪行哪业，我们要永远铭记的是，不可把别人当成傻子，许多事情，并不是人家不知道、不在意，只是不想斤斤计较，不想戳穿。人家选择了善良，不是因为软弱，而是因为明白，善良是本性也是一种原则，做人不能存坏心，更不能践踏原则。

最近在看阿德莱尔的《杜拉斯传》，这是一本名人传记。我被杜拉斯的小哥哥深深打动。他们的寡妇母亲玛丽被法国当局腐败的行政官员所骗，以特许经营的名义卖给她一块一无是处的土地。这块土地靠着海，腐水、海潮不断，根本无法种植任何农作物。

杜拉斯的母亲，心疼已经投入的大量资金。要强的她，决心与大海抗争。于是她马不停蹄从当地招来一群人，声势浩大，修堤筑坝。

怎知辛辛苦苦筑起的堤坝，几个大浪打过来便灰飞湮灭。心塞、愤怒、委屈，一气之下，她病倒了。工人们见她卧床不起，担心工钱泡汤，日日夜夜守在她家门前屋后，像监视罪犯一样监视他们一家人的一举一动。

这时候，才十三岁的杜拉斯的小哥哥勇敢地站了出来，诚恳地表示道歉，并且拍着胸脯安抚工人们，让他们放下心来，假如他妈妈真的死了，他将不惜任何代价，还清所欠的工钱。他用诚实守信赢得尊重，即使是在困难的日子里，诚信依然可以帮助我们渡过难关。

遇到挫折，首先想到的不是想办法解决，而是推卸责任，或者干脆逃跑。没被通缉，侥幸过关。可良心焉能安好？

早些年，一个老总处心积虑设下圈套从广州骗走几千万巨款潜逃。从此出门不敢坐车，见到警察胆战心惊。如同丧家之犬，藏匿人迹罕至的深山老林。精神上的折磨，虽不致死，却杀人于无形。几年之后，他不堪忍受，主动回来自首，届时只说了一句话："终于解脱了！"

短短几年时间，三十多岁的人面如老者，形如枯槁，让人不忍直视。

我认识的一个客户老李，几次的经济危机都被他撞上，导致他事业三起三落，但都有惊无险。如今的他，生意遍布东南亚，资产以千万计。不仅家庭幸福，并且朋友众多，堪称人生赢家。

回首过去，每次跌倒，都有客户、朋友、亲人及时鼎力相助，转危为安。

因为他重感情，讲信用。大家都信他。

作为好朋友，又是客户，一次请他吃饭，大家一起喝了点酒，话匣子便打开了，老李语重心长地对我说："人啊，要珍惜别人给的每一次信任，永远不要透支自己的信用。一个人最大的破产是信用，哪怕你一无所有，但只要信用还在，就还有可以翻身的机会。"

那一刻，我明白了，什么是一个人最大的财富。

做人和做事一样，我们需要掌握方法和技巧。复杂的技巧，如果稍加用心，都能学会。但方法终归是方法，是"术"。还有不变的东西，那是"道"，坚守生活中的"道"，才能以不变应万变。"道"便是信用。

一个"信"字，足可以遮挡人生路上的风雨，因为它赢得人心，因为它，才能筑成人生最坚固的基石。

我坐自己的位置，错了吗？

01

早上在《人民日报》上看到一则新闻："5月3日，四川达州八旬老人李某坐动车到成都看病，因只买到达州到营山的座票，后来补票也没买到座票，老人在南充被座位的主人（一个女学生）请了起来，老人女儿恳请挤一挤被拒。之后一男子让了座，老人女儿说："年轻人应该多学学。"女学生委屈回道："我坐自己的位置，错了吗？"

女学生此言一出，引发极大争执，两种完全不同的声音。拥护者言之凿凿："不让座是本分，让是情分。我可以主动让座，但你不能强迫我。"反对者不甘示弱，把孟圣人都搬了出来：老吾老以及人之老。言下之意，你也有老的那一天，佛家讲因果报应，种什么因，得什么果。

02

正当大家为这事争论不休时，朋友怒气冲冲地走了进来：

"凭什么要老娘给你让座?"她一改往常的温婉。一打听才知道,她刚遭遇这种事。事情经过如下:女友今天早上去单位时,在公交车上遇到一对奇葩母女。目测小女孩的年龄五到六岁,一上车就盛气凌人要求朋友给她让座。朋友见她态度不好,便没理会。却不曾料想小姑奶奶人小脾气大,指着朋友说:"你耳朵聋了吗?还不赶紧给我站起来!在想什么呢?笨蛋!"

让人生气的是,小女孩的母亲看着这一切,非但没有指责自己的女儿,反而帮着一起破口大骂,什么难听的话都能骂出来。

朋友当时便傻眼了,心里一万头羊驼奔过,从小到大不曾受过这种羞辱,还是在这大庭广众的公交车上,被一个几岁的小屁孩教训,自然气不打一处来,她厉声说道:"对于没教养的小孩,我就不让。"然后戴上耳机继续听音乐,当母女俩是空气。旁边的人只当笑话看。快到朋友单位的时候,这熊孩子竟举起拳头砸向女友胸口,口中嚷着:"你惹我,让你熊熊变绵羊。"

朋友并不是薄情寡义之人,要求别人让座,最起码的礼貌得有吧!孩子不懂事,大人难道也这么没有素质?无疑是教养的缺失。

朋友考虑到自己也是做妈妈的人,也懒得跟这孩子计较,匆匆下了车,但一整天的心情被破坏了,中午滴水未进。不时摇头叹息地说:"我现在特别理解公交车上不愿意让座的人的心理了。"

03

一时想起前几年由陈凯歌执导的电影《搜索》，讲的是都市白领美丽性感的叶蓝秋，在医院续医保的过程中做了一次检查，意外查出淋巴癌晚期。在医院回来的公交车上，心情糟糕透顶。当时公车上人满为患，一位老大爷就站在她的座位旁边。

有些人喜欢断章取义好打抱不平，见风烛残年的老大爷站着，而青春靓丽的漂亮妹子心安理得地坐在旁边无动于衷，于是大家揭竿而起，伸张所谓的"正义"，纷纷指责叶蓝秋，叶蓝秋一气之下说了句气话，指着自己的大腿对大爷说："要坐就坐这儿。"恰好这一幕被一个乘客录了下来传到网上，在社会上引起一片哗然。

大家把矛头一致指向叶蓝秋，口诛笔伐，集体声讨。舆论有多可怕，想必大家都知道，无异于猛虎。

04

人们懒得去思考事件背后的人是否有难言之隐。为什么？因为思考需要劳神费脑。索性看事物只看表象，跟着人云亦云。

那么，面对老弱病残孕等弱势群体，到底要不要让座呢？

人类社会区别于动物世界，其根本原因在于动物没有人情味，而人有。更何况中国是文明古国，拥有五千年的灿烂文化。早在战国时期孟子就提出其观点：老吾老以及人之老，幼吾幼以及人之幼。尊老爱幼这种传统美德，怎么能说丢就丢呢？

但，是不是可以视情况而定，而不是动辄拿道德绑架。

对于这种事情，曾经自己也深有感触，那时候我在广州上班，先生在佛山工作，我几周回去一次，有时候拿着很多行李在公交车上，让座吧，近两个小时，一个女孩子提着东西真的很辛苦，不让座吧，又怕被人说没素质。思来想去，左右为难。

05

在让座这件事情上，是否可以尊重一下当事人的意愿，不强迫，不在道德制高点打压。年轻人若非真有事，主动起来为老人、孩子、孕妇让座。老人毋倚老卖老强迫年轻人让座。人与人之间多点理解和体谅，社会才会更和谐稳定，我想这才是圣人真正希望看到的。

06

　　然而达到这种状态，指望着素质提高，在某种程度上，是对的。只是人和人不一样，我们无法要求每个人的素质都提高，很多时候，当文明遇到野蛮，是无能为力的。

　　那怎么办？说到底，还是规则的问题，情分和本分之间，我想大家都认同的是本分。本分是什么，是大家都认同的规则，破坏规则，在舆论上必须受到谴责。我想，如此这样的话，让还是不让，大家都会有清晰的认识。

　　世界是复杂的，规则是简单明晰的。为什么不用简单驾驭复杂呢？

幸福这件事，自己知道就好

一天下午，F先生和他的二婚妻子阿朱十指紧扣来到我的工作室。我发现，这两人虽然结婚已有数年，仿佛还处在恋爱期，眼角眉梢都是爱。再细细端详一番，F先生着装比从前考究，发型较之前时尚许多，最重要的是脸上的笑容自信起来了。

可就在前不久，我还听别人说他的厂子快经营不下去了，一片愁云惨淡似的。言下之意所指无非是他的流动资金都让"狐狸精"阿朱给榨干了。若非那日见到他俩真身，我还差点就信以为真了。

大多数人，似乎就是见不得别人幸福，尤其人家还是二婚。在人们的潜意识里，这种"半路结合的夫妻"，似乎掺杂了太多的物质与目的性。

圈里有不少土豪朋友，离异后就不敢再嫁，大多是受这种思想"毒害"，唯恐人家是为财而来。于是把自己包裹得严严实实，想爱不敢爱，想靠近却又不敢靠得太近，最后只能与真爱失之交臂。年华逝去后，人老珠黄，除了门前的麻雀，只能守着一大堆人民币终老。

被人称"好莱坞第一夫人"的瑞典女演员英格丽·褒曼曾

经说过一句经典的话："只有尝过悲哀的人，才能真正体会到幸福的甜美。"

让我来说说F先生的故事吧。

F先生的第一次婚姻，事实上是被迫离的。我与他是同乡，对他的性情多少有几分了解。他是那种读书人的性格，沉默少言但通情达理。而他的前妻却是当地有名的泼妇，面对妻子三天两头的嚣张跋扈，他总是一忍再忍。久而久之，他的退让，在前妻和她娘家人以及左邻右舍的眼里变成了"懦夫"的代名词。面对街头巷尾的流言蜚语，他也懒得费口舌去解释。在他心里，一个完整的家胜过一切，何况他还有一儿一女两个心肝宝贝。这种男人，家庭观念极强，不到万不得已，绝不会走上离婚之路。

前妻有了外心以后，公然挑衅，表示非离不可。即便是她先负了他，离婚时，F先生还是将大部分财产让给了她。在他的心里，他觉得自己是男人，还可以东山再起，而女人带着孩子只怕要做点事情，也是十分不易的。到了这个时候，他还在为她和孩子的将来考虑。这样的男人绝对算是有情有义之人。

离婚后的F先生，并没有急着恋爱，而是把精力集中到事业上，开疆拓土。倒是他那泼妇前妻急不可待，接二连三找了几个，那些男的比她年长许多不说，还多半盼着她的钱，最后还是一个一个弃她而去。她的彪悍，让人闻之丧胆，到如今依然是孤家寡人一个。

老天终究不负善良人。

F先生和现在的妻子阿朱相识于网络,据说是在世纪佳缘网上认识的。在认识阿朱之前,他也陆续见了几个,但都不合眼缘。首婚失败的经历告诉他若是再婚绝不能草率行事。还好他没放弃,终于等到了她。两人第一次见面便有了心动的感觉,随着了解的加深,更是惺惺相惜,大呼相见恨晚。虽然两人都经历过一次失败的婚姻,但仍然对未来充满期待。两人之前离婚时一人带着一个儿子,重新组合了一个新的大家庭。

阿朱长得高挑性感,又很会打扮,从事的又是自由职业,儿子这几年去了国外留学,她个人的时间相对而言比较充裕,而F先生做的是实业,常常忙得不可开交。于是大家纷纷揣测女方贪图男方的钱财而走到一起的,待男方千金散尽,必定弃他而去。只要F先生的厂子有任何风吹草动,大家伙都能联想到这儿。外头人哪里知道,阿朱出自名门,家底丰厚,自己又有出色的才艺,虽是自由职业,收入一点也不比F先生少,儿子出国留学的钱都是自己掏的腰包。

我开玩笑地跟他们讲,许多人在背后这样议论你们,一点不介意吗?

F先生安之若素地跟我说了一句话:"我的幸福,自己知道就行。干吗非要跟别人去解释?"

多么聪明的回答。幸福就是坚持自己认为正确的事情,顺着那道光向前,别人爱说,让他们去说好了。

有时候看朋友圈，经常有情侣或夫妻不停地秀恩爱，仿佛要向天下人昭示自己的幸福。事实上他们真有晒得那么幸福吗？我表示怀疑。

　　往死里晒。你觉得你幸福，别人就认可幸福吗？你希望分享内心的喜悦，得到很多人的祝福，可惜你不明白，就人性而言，自己的痛苦再小，对自己都是大事，别人的幸福再大，对自己也是小事。你的幸福如果真如F先生那样，自己知道就好，完全没必要弄得人尽皆知。

　　许多事情都是这样，如人饮水，冷暖自知。自己的幸福、痛苦、喜悦、悲伤，只有自己清楚，别人没有义务去关注自己，自己一点点的风吹草动，何苦要昭告天下？

　　人生来平等，不分高低贵贱，我们谁都一样，并没有自己想象的那么重要。

　　一条微信消息，拉来几十个赞。一个伤心的消息，引来无数同情。这是否就代表我们在别人心目中有不可替代的位置？其实，别人为自己做的都是礼节性的表示。所以，对于自身的幸福，我们自己去享受，对于痛苦，自己去消化吧。不需要昭示，也不用去解释，内心的笃定才是最重要的。

　　我们做事不是做给别人看的，我们始终是活给自己看的。幸福这件事，自己知道就好。

微信"勾搭",没那么难

前几天,一个男生通过微信群添加我,也不问我是谁,开门见山就来了一句:"你在广州哪里?"

我问他您哪位?他沉默不语。

然后我再问他,有事吗?

"加你聊聊天可以吧?"

"不可以。"我回复后,果断将他拉黑。

又比如,今天早上,有一位读者加我,一进来先问候,然后告诉我他喜欢我的哪一篇文章,再发了几句读后感,诗意盎然,匆忙之间他打错几个字,但丝毫不影响我对他的好感。当时是清晨还不到七点,我刚醒来,睡眼惺忪。看到他的信息,我很开心。我见他的文笔不错,问他平时是不是喜欢写诗?然后我们一起聊仓央嘉措、纳兰性德、海子。不知不觉窗外已旭日高升,仿佛沐浴在冬天的温泉里。真是一个美好的早晨。

不能不说,这"勾搭",方法很重要。

其实我平时很少拉黑人,除非是遇上不怀好心之徒。但是对于文章中第一个这种冲微信头像通过群过来"勾搭"者，无厘头问这问那的人，我是特别反感。"咱们有那么熟吗？"

我把这事发到朋友群里，一石激起千层浪。

辣椒妹妹义愤填膺："以前还有个男生加我微信，上来就说，有时间一起看电影。他是谁我都不知道，看什么看，直接拖到黑名单。"

当你抱着极强目的性刻意去"勾搭"别人，人家一眼就看穿你的动机。这样交友，怎么能成功？

我们只能说这样的男人情商太低，追求女孩子好歹得讲究策略，循序渐进才是。人家都不认识你，你张口就约人家看电影，很容易让人误以为你目的不纯。聪明的男人，是不是可以耐下心来，先从女孩的朋友那儿或是她的朋友圈、QQ空间入手，花些时间了解姑娘的喜好和性情，然后投其所好。哪一种效果来得更好呢？不言自明。

现在的人，什么都喜欢快餐化。大部头纸媒阅读被电子短篇阅读所取代。不仅阅读如此，恋爱交友也是如此，恨不得第一次见面就把床单滚了。有人说得好："一见钟情，钟的不过是脸蛋和身体。"孰不知，不论是友情抑或爱情，日久才能见人心。用心去谈，这情才能长久。这就好像煲汤，你用高压锅二三十分钟压出来的汤，怎么也不如瓦锅细火慢炖出来的汤入味香醇。

妹子们将这类没有情感铺垫的求约，归结于耍流氓，不是没有道理的。

本文的"勾搭"，不单指男女之间的勾搭，也泛指正常的交友。

比如你想认识一位比你牛的人。你想"勾搭"对方，希望挤进对方的圈子里来，从优秀的人身上学点优秀品质。通常来说的话，你适当地赞美对方，抱着谦卑学习的态度去"勾搭"，一般来说较容易成功。当然，你若遇到那种有点儿声名便不可一世瞧不起任何人的牛人，拒绝你或是对你爱理不理的话，你不必去讨好。拿自己的热脸去贴人家的冷屁股的人是愚蠢的，这种人不结识更好，道不同不相为谋。用马云的话说："今天你对我爱搭不理，明天我让你高攀不起。"把对方的拒绝化作前进的动力，不断地努力，甚至超越他。

微信"勾搭"，贵在真诚。

我和婵琴就是通过微信成功交友的，还是我主动"勾搭"的她。2015年初，我便不停在"经典好书推荐"的公号上发表文字，婵琴也是，所以我常常能拜读到她的作品，从中受益。她的文章里无不透露着人性的真善美、同理心和悲悯心。一直觉得，从一个人的文章里就可以看出作者的品行，这大抵就是人们常说的"文如其人"吧。

出于对她的喜欢，所以有心想要结识这样的同类人。于是从好友主编吴生那儿要来了婵琴的微信。我的真诚，获得了她的认可。我们因为文字，惺惺相惜，不带任何功利色彩。转眼间，已相识半年，细水长流，这期间我们结下了深厚的友谊。她在北京，我在广州，隔着几千公里，虽未谋面，却如同近在咫尺，彼此鼓励，共同前行。我佩服她对文字的执着，十年的笔耕不辍，她的付出终于得到回报，人生中的第一本书即将面世。真诚的祝愿她在文学的道路上走得更远。

人们经常抱怨很难交到真心的朋友。年龄越大，不相信的东西越来越多。别人示好，怀疑别人是否有什么企图。自己欣赏某人，又不敢敞开心扉，害怕万一受到伤害怎么办。往往在互相试探中，一些友情便失之交臂。说到底，抱怨别人功利的同时，自己也是世俗的。世事的浮浮沉沉中，我们学会了即便是有渴求，也忍着，不相信别人也不相信自己。学会了用坚硬的外壳包裹自己的柔软与脆弱。

交知心朋友，其实没那么难，投之以诚，待之以礼，便是了。

你若抱着功利的心态去交友，还渴望别人以非功利来回报？很多事情都是相互的，你对别人的感受往往就是别人对你的感受。一句话觉得对味，你回应一句，感觉对了，也会走到别人的心里。如果要保持一段长久的友谊，最需要的就是付出自己的诚心。

以诚对人，收获的也是真诚。